W0258896

WERKSTATTBÜCHER

FÜR BETRIEBSANGESTELLTE, KONSTRUKTEURE UND FACHARBEITER. HERAUSGEGEBEN VON DR.-ING. H. HAAKE, HAMBURG

Jedes Heft 50—70 Seiten stark, mit zahlreichen Abbildungen

Die Werkstattbücher behandeln das Gesamtgebiet der Werkstattstechnik in kurzen selbständigen Einzeldarstellungen: anerkannte Fachleute und tüchtige Praktiker bieten hier das Beste aus ihrem Arbeitsfeld, um ihre Fachgenossen schnell und gründlich in die Betriebspraxis einzuführen.

Die Werkstattbücher stehen wissenschaftlich und betriebstechnisch auf der Höhe, sind dabei aber im besten Sinne gemeinverständlich, so daß alle im Betrieb und auch im Büro Tätigen, vom vorwärtsstrebenden Facharbeiter bis zum leitenden Ingenieur, Nutzen aus ihnen ziehen können.

Indem die Sammlung so den Einzelnen zu fördern sucht, wird sie dem Betrieb als Ganzem nutzen und damit auch der deutschen technischen Arbeit im Wettbewerb der Völker.

Einteilung der bisher erschienenen Hefte nach Fachgebieten

I. Werkstoffe, Hilfsstoffe, Hilfsverfahren

II. Spangebende Formung

(Fortsetzung 3. Umschlagseite)

WERKSTATTBÜCHER

FÜR BETRIEBSANGESTELLTE, KONSTRUKTEURE UND FACHARBEITER. HERAUSGEBER DR.-ING. H. HAAKE, HAMBURG

HEFT 38

Arno Dorl †

Das Vorzeichnen im Kessel- und Apparatebau

Dritte neubearbeitete Auflage
(13. bis 18. Tausend)

von

Dr.-Ing. H. Haake und Ing. E. Lorenz
Hamburg

Mit 91 Abbildungen

Springer-Verlag
Berlin / Göttingen / Heidelberg
1957

Inhaltsverzeichnis

ISBN-13: 978-3-540-02229-9 e-ISBN-13: 978-3-642-86087-4
DOI: 10.1007/978-3-642-86087-4

Vorwort zur dritten Auflage

Der Verfasser der ersten beiden Auflagen dieses Werkstattbuches (1929 und 1947 erschienen), Ingenieur ARNO DORL, ist Ende 1947 gestorben. Sein Streben war, den zahlreichen jungen Kesselschmieden, den Facharbeitern, Monteuren und Vorzeichnern im Kessel- und Apparatebau ein Hilfsmittel an die Hand zu geben, sich diejenigen Kenntnisse für ihren Beruf anzueignen, die ihnen die Schule nur teilweise zu geben vermag. Auch diese dritte Auflage soll dem Praktiker leicht verständlich so viel an werkstoffkundlichen, mathematischen und zeichnerischen Grundlagen nahebringen, daß er die in seinem Beruf auftretenden Aufgaben lösen kann. Ein Vorzeichner mit guten theoretischen Kenntnissen ist viel eher imstande, in Verbindung mit seinen praktischen Erfahrungen die Verantwortung für seine Arbeit zu übernehmen.

Im Kessel- und Behälterbau rückt das Schweißen immer stärker in den Vordergrund, auch sind in den letzten Jahren verschiedene für den Kesselbau wichtige Normen und Vorschriften neu erschienen. Dem tragen die Ergänzungen dieser Auflage Rechnung. Die Angaben über das Nieten wurden beibehalten, weil es immer noch gebraucht wird und weil es für den angehenden Vorzeichner besonders lehrhaft ist. Dem Betriebsingenieur gibt dieses Buch Hinweise, die ihm die Werkstoffbestellungen erleichtern werden. Der Konstrukteur ersieht daraus, welche Maße für den Vorzeichner in den Werkstattzeichnungen nützlich sind und erspart damit manche Frage.

Der begrenzte Umfang der Werkstattbücher bedingt eine gedrängte Darstellung. Aus demselben Grunde konnte auch nicht auf alle im Apparatebau vorkommenden Abwicklungen und Durchdringungen eingegangen werden; es erscheint auch nicht notwendig, weil dafür im gleichen Verlag zwei Veröffentlichungen vorliegen[1]. Die Verfasser sind gern zu schriftlichen Auskünften bereit, falls sich bei der Bearbeitung schwieriger Aufgaben Lücken zeigen sollten (Anschrift: Dr.-Ing. H. HAAKE, Hamburg 39, Opitzstr. 16 A).

I. Arbeitsweise und Werkzeuge des Vorzeichners

A. Arbeitsweise des Vorzeichners

1. Zweck des Vorzeichnens. Die Grundlage zu jedem fertigen Werkstück in Kessel- und Apparatebauwerkstätten liefert der Vorzeichner. Fast alle Einzelteile von Kesseln, Behältern und Apparaten müssen seinen Arbeitsplatz durchlaufen. Nach seinen Angaben werden sie dann durch Schneiden, Brennschneiden, Lochen, Bohren, Hobeln, Abschärfen, Walzen usw. bearbeitet und zusammengebaut.

Kesselböden und andere Formstücke werden meistens vom Hüttenwerk fertig gepreßt geliefert. Die Herstellungsgenauigkeit beträgt dabei plus oder minus 5 ‰ auf den Durchmesser. In Kesselschmieden sollen die Kessel- und Behältermäntel usw. zur Vermeidung kostspieliger Anrichtarbeiten immer den Abmessungen der angelieferten Formstücke angepaßt werden. Die Güte der Arbeit einer Kesselschmiede wird nach dem Umfang der erforderlichen Anrichtarbeiten beurteilt. Die Anrichtarbeiten hängen von der Genauigkeit der Arbeiten des Vorzeichners ab.

[1] JASCHKE, JOHANN: Die Blechabwicklungen, 18. Aufl. Berlin/Göttingen/Heidelberg: Springer 1955. Preis DM 4,80. — SCHMIDBAUER, HANS: Abwickelbare Flächen, eine Konstruktionslehre für Praktiker. Berlin/Göttingen/Heidelberg: Springer 1955. Preis DM 6,60.

Die Arbeit eines Vorzeichners in Kessel- und Apparatebauwerkstätten kann auch bei Reihenfertigung nicht durch Maschinen oder ähnliche Einrichtungen ersetzt werden. Der Vorzeichner ist sozusagen der Konstrukteur der Werkstatt, er ist verantwortlich für die Ausführung der Gedanken, die der Konstrukteur im technischen Zeichensaal auf der Werkstattzeichnung zum Ausdruck gebracht hat. Die Arbeit eines Vorzeichners ist daher weit mehr geistiger als körperlicher Natur und erfordert deshalb besondere Kenntnisse und Fähigkeiten.

Der nach der Werkstattzeichnung gewünschte Körper wird aus verschiedenen einzelnen Blechen oder Formstücken entweder zusammengenietet oder zusammengeschweißt. Da nun solche Körper die verschiedensten Formen annehmen können und meistens nicht aus ebenen Flächen bestehen, ist es erforderlich, alle Teile schon vor der Formgebung mit den notwendigen Bearbeitungs- und Schnittlinien zu versehen, also vorzuzeichnen. Man spricht in Kessel- und Apparatebauwerkstätten deshalb von *Vorzeichnen.* In Maschinenbauwerkstätten spricht man dagegen von *Anreißen*[1], weil hier die einzelnen Teile in Form von Guß- oder Schmiedestücken usw. auf der Anreißplatte angerissen werden. Die Werkstücke sind bereits in ihrer Form bestimmt, brauchen also nicht erst aus einzelnen ebenen Flächen zusammengesetzt zu werden.

2. Vorbereitung zum Vorzeichnen. Nach Erhalt eines Auftrages und der Werkstattzeichnung werden nach der Stückliste die Werkstoffanforderungsscheine ausgeschrieben und der zuständigen Abteilung übergeben. Die Werkstoffe werden dann der Werkstatt zugeleitet. Der Vorzeichner stellt fest, ob die angelieferten Werkstoffe den geforderten Abmessungen entsprechen und *fehlerfrei* sind (vgl. Abschn. 3).

Sind die Werkstoffe ohne Fehler oder sind die fehlerhaften zur Verarbeitung freigegeben, so wird Anweisung zum Auflegen der Bleche, Böden, Formstücke usw. gegeben. Die einzelnen Teile werden derart auf Böcke gelegt, daß ein ungehindertes Umgehen und Arbeiten daran möglich ist. Jetzt werden die Teile dort, wo vorgezeichnet werden soll, mit Schlemmkreide oder Kalkmilch angestrichen. Hierbei werden oft noch übersehene Fehler in Gestalt von Schlackenlöchern gefunden, weil derartige Stellen den Anstrich nicht annehmen. Solche Stellen sind von der Schlacke zu reinigen, und es ist festzustellen, ob die durch das Einwalzen der Schlacke erzeugte Vertiefung im Werkstück unbedenklich ist. Der *Anstrich* hinterläßt nach dem Trocknen einen weißen Grund, auf dem dann die erforderlichen Linien, Bogen und Konstruktionen mit Reißnadel, Lineal und Zirkel aufgetragen werden können. Während der Anstrich trocknet, wird die Werkstattzeichnung durchgelesen. Etwaige Unklarheiten werden mit dem Konstrukteur durchgesprochen. Der Vorzeichner muß unbedingt über seine Aufgabe klar sein, er sollte nicht früher mit seinen Arbeiten beginnen.

Von den Kesselböden oder Formstücken werden nun die *Umfänge* genommen und die Umfangsstichmaße für die Mantelbleche danach berechnet. Haben die zu einer Arbeit gehörenden Formstücke oder Böden verschiedene Umfänge, so müssen auch die dazugehörigen Mantelbleche entsprechend berechnet und vorgezeichnet werden. Die Grundbedingung ist, daß Teile, die zusammenkommen sollen, gleiche Teilungen und zusammenpassende Umfänge haben. Ferner werden von den Formstücken auch die *Höhenstichmaße* abgemessen und die *Längenstichmaße* für die Mantelbleche entsprechend berechnet. Alle Berechnungen werden zum möglichen späteren Gebrauch in das *Berechnungsbuch* eingetragen und sorgfältig aufbewahrt.

3. Untersuchung der Werkstoffe auf Brauchbarkeit. Die Bleche und Formstücke, nach den DIN-Werkstoffnormen geliefert, müssen eine walztechnisch glatte

[1] Siehe Heft 3 dieser Sammlung: „Das Anreißen in Maschinenbauwerkstätten“.

Oberfläche haben und dürfen keine Blasen, Risse oder unganze Stellen aufweisen. Walzsplitter oder kleine Schalen können mechanisch entfernt sein. Durch Einwalzen von Schlacke entstandene Vertiefungen sollen durch Ausschmirgeln ausgebessert sein, wenn hierdurch die Haltbarkeit der Bleche nicht beeinträchtigt ist. Darüber entscheidet bei gewöhnlichen oder Baublechen (Abschn. 14) in den meisten Fällen der Betriebsleiter. Alle Bleche sollen walzgerade sein und keine großen Wellen aufweisen.

Werkstoffe für Behälter, Kessel, Druckfässer usw., die der Bauüberwachung (Abschn. 16) unterliegen und nach den Werkstoff- und Bauvorschriften für Dampfkessel[1] geliefert werden, sind besonders sorgfältig zu untersuchen. Die Stärke wird genau gemessen, dabei sollen die Meßpunkte mindestens 100 mm von der Blechecke und 40 mm von der Blechkante entfernt liegen. Die Bleche werden durch Abläuten geprüft, um versteckte Blasen oder unganze Stellen aufzufinden.

Zum *Abläuten* wird das Blech mittels Kloben durch den Kran senkrecht aufgehoben, so daß es frei hängt. Mit einem leichten Handhammer wird es nun, am besten an der Schmalseite, leicht angeschlagen. Klingt es hell an mit langsam ausschwingendem Ton, so ist es fehlerfrei. Klingt der Ton dagegen dumpf und schwingt nicht aus, so ist im Blech ein versteckter Fehler. Dieser Fehler wird gesucht, indem man durch leichtes Anschlagen mit dem Handhammer, über die ganze Fläche gehend, das Blech abhämmert. Der Fehler, in Form einer Blase oder unganzen Stelle, sitzt dort, wo das Blech hohl klingt oder klappert. Weist ein Blech solche Fehler auf, so kann es natürlich nicht ohne weiteres verarbeitet werden. Das Abläuten der Kesselbleche sollte an Sonntagen, wenn der Betrieb ruht und kein Lärm das Abhören stört, durchgeführt werden.

Die nach den „W-B-V f D" gelieferten Bleche sind seitens der Lieferwerke mit Prüfnummer, Gütestempel und Werksstempel versehen (Abschn. 16). Die Stempel müssen gut lesbar sein und mit der gelieferten Abnahmebescheinigung übereinstimmen. Ob Bleche, Böden oder Formstücke, bei denen Fehler gefunden wurden, für Apparate verarbeitet werden dürfen, die der *Bauüberwachung* unterliegen, entscheidet der zuständige Sachverständige, bei Landdampfkesseln meistens des Technischen Überwachungs-Vereins (abgekürzt TÜV), bei Schiffsdampfkesseln meistens des Germanischen Lloyd, in der russ. besetzten Zone staatlicher Dienststellen.

4. Reihenfolge beim Vorzeichnen. a) Die *Böden* oder *Formstücke* werden zuerst vorgezeichnet. Parallel zur Wölbung, nach vorgeschriebenem Maß, wird auf dem Bord die Nietrißlinie, das ist die Linie, auf der die Nietteilung vorgenommen wird, gezogen. Bei geschweißten Behältern gilt diese Linie als Kontrollrißlinie. Dann wird der Boden oder das Formstück ausgewinkelt, die Achsen durch die Mitte werden gezeichnet, und der Umfang auf der Nietrißlinie oder Kontrollrißlinie wird entsprechend eingeteilt. Die Teilungen werden gut spitz und tief angekörnt. Bei genieteten Behältern werden Heftlöcher abgezählt und mit Kreiskörner versehen. Bei geschweißten Behältern werden Richtpunkte für den späteren Zusammenbau abgeteilt und dauerhaft durch Meißelhiebe gezeichnet. Dann werden auf der Wölbungsfläche etwaige Stutzenlöcher oder Rohrlöcher vorgezeichnet und ebenfalls gut spitz angekörnt.

Sind die Böden oder Formstücke so weit fertig vorgezeichnet, wird alles überprüft und werden Abmessungen zum späteren Gebrauch notiert. Die Werks- und Gütestempel werden mit Ölfarbe überstrichen, um bei der späteren Bauprüfung

[1] Werkstoff- und Bauvorschriften für Dampfkessel (abgekürzt: „W-B-V f D"), herausgegeben von der Vereinigung der Technischen Überwachungsvereine. Köln/Berlin: Carl Heymanns Verlag, Berlin/Köln/Frankfurt: Beuth-Vertrieb, 1955.

durch den Sachverständigen das Auffinden zu erleichtern. Zur Weiterbearbeitung erforderliche Angaben, wie Größe der Nietlöcher, Rohrlöcher usw., und die Auftragsnummer werden mit Ölfarbe auf das Werkstück geschrieben.

b) *Mantelbleche.* Zu jedem Boden, Formstück usw. wird nun ein auf den Umfang passendes Mantelblech vorgezeichnet. Es wird möglichst danach getrachtet, mehrere Mantelbleche von gleichen Abmessungen zu erhalten und nur das Mantelblech für den zweiten Boden auf der Bodenseite, wenn erforderlich, größer oder kleiner im Umfang vorzuzeichnen. Handelt es sich um Reihenfertigung, so werden von jedem Blech Schablonen vorgezeichnet, wonach die anderen gleichen Bleche dann durchgekörnt werden. Sind Nietrißlinien oder Kontrollrißlinien für Umfang und Länge auf dem Mantelblech aufgetragen, werden die Nietteilungen oder die Richtpunkte für den späteren Zusammenbau eingeteilt, alles genau überprüft, nachgemessen und die Teilungen gezählt, ob sie mit den dazugehörigen Teilen übereinstimmen.

Umfänge und Längen werden immer auf der Nietrißlinie oder Kontrollrißlinie gemessen und gerollt. Es wird dadurch erreicht, daß die Nietrißlinien immer wieder aufeinanderkommen oder die Kontrollrißlinien parallel laufen. Die Längenstichmaße von Nietriß zu Nietriß erleichtern das Bestimmen der ganzen Länge eines Mantels, der aus mehreren Schüssen zusammengenietet wird. Bei der Abwicklung von kegeligen (konischen) Schüssen für genietete Kessel, Apparate und Behälter ist es unbedingt notwendig, nur mit Stichmaßen zu arbeiten, die sich auf die Nietrißlinie beziehen; denn es ergeben sich bei derartigen Abwicklungen auf jeder Länge andere Umfänge. Wenn Kegelabwicklungen für geschweißte Kessel, Apparate und Behälter vorgezeichnet werden, wird der Umfang auf der Bördellinie oder, wenn nicht gebördelt wird, auf der Schnittlinie abgerollt. Die Nietteilungen werden gut spitz gekörnt, nötigenfalls Heftlöcher abgezählt und mit der Lochgröße entsprechenden Kreiskörnern geringelt. Für geschweißte Behälter usw. müssen Richtpunkte für den späteren Zusammenbau durch Meißelhiebe dauerhaft gezeichnet werden. Die Blechecken, die auszuschärfen sind, werden mit Ölfarbe und Pfeil, nach welcher Richtung ausgeschärft wird, gekennzeichnet. Auftragsnummer, Durchmesser, nach dem der Schuß gewalzt wird, Lochgröße der Nietlöcher und Angaben über das Bearbeiten der Blechkanten sowie darüber, ob das Blech vor dem Walzen gewendet werden muß, werden ebenfalls mit Ölfarbe auf das Blech geschrieben. Das Blech muß vor dem Walzen so gewendet werden, daß die mit Ölfarbe überstrichenen Werks- und Gütestempel nach der Fertigstellung des Kessels auf der *Außenseite* liegen und gut *sichtbar* sind.

Die meisten Fehler beim Vorzeichnen sind falsche Angaben auf dem Werkstück. Der Vorzeichner muß sich schon bei Beginn der Arbeit darüber klar sein, welche Seite des Bleches die innere, welche die äußere ist, welche Blechecke ausgeschärft wird und wie die Blechkanten behobelt werden müssen. Dabei ist zu beachten, daß an einer Ecke des Bleches, an der zwei ungleiche Hobelkanten zusammenstoßen, wenn Vernietung vorgesehen ist, immer ausgeschärft wird. Bei geschweißten Behältern wird natürlich nicht ausgeschärft, auch wenn ungleiche Hobelkanten zusammenlaufen.

c) *Profilstahlringe.* Ringe und Rahmen aus Profilstahl werden erst nach dem Walzen und Biegen auf genauen Umfang abgerollt, nötigenfalls nachgeschnitten und dann geschweißt. Nachdem die so gefertigten Ringe oder Rahmen nochmals gut gerichtet und gegebenenfalls auf Maß gedreht sind, werden Nietteilungen, Schraubenteilungen oder Richtpunkte vorgezeichnet und gut gekörnt sowie mit Kreiskörnern oder Meißelhieben versehen.

Alle Teile, die zusammengenietet oder geschraubt werden, sollen möglichst stets *zusammen* durchgebohrt sein, damit die Löcher einwandfrei passen. Ringe und Rahmen, die als Flanschen dienen sollen, werden mit ihren Flanschen aufeinandergelegt und zusammen durchbohrt. So wie die Flanschen beim Bohren gelegen haben, müssen sie dann gezeichnet und später beim Zusammenbau wieder zusammengebracht werden. Die Schraubenlöcher passen dann gut. Für die Reihenfertigung größerer Mengen von Ringen, Flanschen, Rahmen usw. werden Bohrschablonen gefertigt, die das Vorzeichnen dieser Teile ersparen.

d) *Gebördelte Werkstücke.* Domkrempen, angebördelte Stutzenflanschen, der Bord an zylindrischen Mänteln, der Bord an Kegelmänteln, gebördelte Stutzenlöcher und überhaupt alle warm oder kalt gebördelten Teile werden *nach* dem Bördeln vorgezeichnet. Die Umfänge und Abmessungen werden kontrolliert, ob sie mit den anschließenden Teilen übereinstimmen, und dann die Einteilungen für Nietlöcher oder Richtpunkte vorgenommen. Zum Behauen oder Brennschneiden der Schweiß- oder Stemmkanten werden die vorgezeichneten Linien gut gekörnt. Es muß angeschrieben sein, nach welcher Seite die Kanten schräg werden sollen. Nietlöcher werden in der üblichen Weise mit Kreiskörner versehen.

B. Werkzeuge des Vorzeichners

5. Allgemeines über die Werkzeuge. Die Werkzeuge des Vorzeichners sind durchweg einfacher Art und nicht so vielseitig wie die der Anreißer in Maschinenbauwerkstätten. Als Hauptwerkzeuge gelten wohl: Lineal, Federlineal, Reißnadel, Zirkel, Winkel von 90° mit und ohne Anschlag, Schmiegen, Streichmaß, Körner, Kreiskörner und leichte Handhämmer.

Die Meßwerkzeuge sind gewöhnlich in erster Linie: Rollmaß, Stahlbandmaß, Stahlmaßstab, Mikrometerschraube und die sogenannten Zollstöcke. Die Meßwerkzeuge sollen in ihren Angaben übereinstimmen; das Rollmaß muß sich mindestens auf 10 m Länge mit dem Stahlbandmaß decken. Lineal und Winkel müssen von Zeit zu Zeit nachgeprüft und auch die Meßwerkzeuge öfters verglichen werden. Ungenauigkeiten sind sorgfältig zu beseitigen.

Seine Werkzeuge soll der Vorzeichner nicht verleihen, da sie vom Entleiher gewöhnlich nicht gut behandelt werden. Die wichtigsten dieser Werkzeuge sollen kurz besprochen und ihre Anwendung soll erläutert werden.

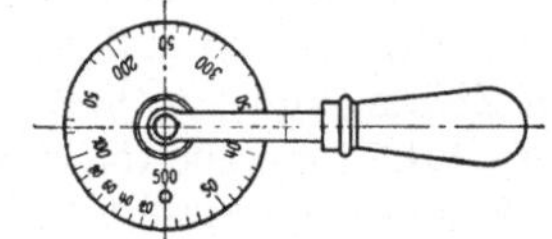

Abb. 1. Rollmaß zum Abrollen von Umfängen

6. Das Rollmaß oder die Meßscheibe (Abb. 1) wird zur Bestimmung von inneren Umfängen und von Einteilungen an Böden, Stutzenhälsen, Flammrohren und Winkelringen verwandt. Es besteht aus einer Stahlscheibe, die in einer an einem Holzgriff befestigten Gabel gelagert ist. Die Stahlscheibe legt bei jeder Umdrehung den Weg von 500 mm zurück- oder rollt diese Strecke ab, wie der Vorzeichner sagt. Der Umfang der Stahlscheibe ist in Millimeter eingeteilt und die Zahlen von 10 zu 10 mm sind eingeprägt. Bei der Endmarke 500 ist ein Loch durch die Stahlscheibe gebohrt, um das Abzählen der Umdrehungen zu erleichtern.

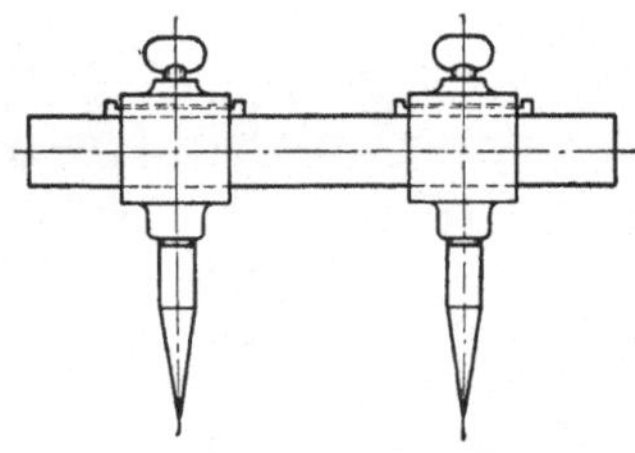

Abb. 2. Stangenzirkel

7. Der Stangenzirkel (Abb. 2) wird zum Vorzeichnen von größeren Kreisen, Kreisbögen und zum Einteilen von langen Strecken gebraucht. Er besteht aus zwei Schiebergehäusen mit Stellschraube und auslösbaren Stahlspitzen. Die Stange ist aus Holz, 50/10 mm

Querschnitt, auf der die Schiebergehäuse beliebig verschoben und eingestellt werden können. Beim Arbeiten mit dem Stangenzirkel kann nur eine gewisse Genauigkeit erreicht werden, wenn die Stangen nicht länger als 3 bis 4 m sind. Der Vorzeichner braucht bei seiner Arbeit mindestens vier Stangenzirkel in verschiedenen Längen. Die langen Stangen sind in der Mitte verstärkt, um ein Durchbiegen beim Arbeiten zu verhindern. Der Stangenzirkel biegt sich durch, wenn die Stahlspitzen nicht senkrecht gehalten werden.

8. Feder- und Spitzzirkel (Abb. 3 u. 4) dienen zum Abtragen und Einteilen von Nietteilungen usw. Sie müssen gehärtet und ständig gut spitz gehalten werden. Zur Feineinstellung dient eine Schraube, die die beiden federnden Schenkel zusammenhält. Um den Federzirkel vor allzuschnellem Verschleiß zu bewahren, wird zum Abtragen von oft wechselnden Einstellungen, Schlagen von Kreisen und zum Überschlagen beim Einteilen von Nietteilungen der Spitzzirkel (Abb. 4) ohne Feder benutzt. Bei der Erledigung einer Arbeit sollen Zirkel, die eingestellt sind und nochmals mit derselben Einstellung gebraucht werden, nicht wieder verstellt werden. Es sind also zum Arbeiten mehrere Feder- und Spitzzirkel erforderlich.

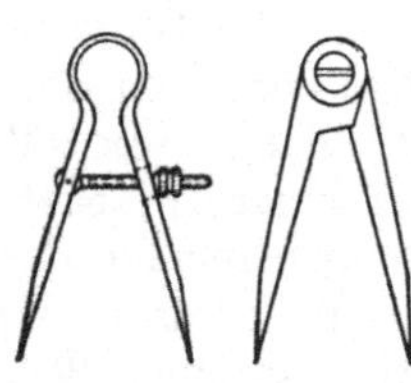

Abb. 3. Federzirkel mit Feineinstellung

Abb. 4. Spitzzirkel

9. Der Kreiskörner (Abb. 5) erspart es dem Vorzeichner, um jeden Körnerpunkt mit dem Zirkel einen der Lochgröße entsprechenden Kontrollkreis zeichnen zu müssen. Für jede Lochgröße muß also ein Kreiskörner vorhanden sein, der in der Regel 4 mm im Durchmesser größer ist als das Loch. Die Körnerspitze des Kreiskörners wird in den vorgeschlagenen Körnerpunkt eingesetzt und dann durch Hammerschlag der Kreis des Kreiskörners in das Werkstück eingeschlagen, der dadurch einen unverwischbaren Ring bildet. Dieser Ring ist nach dem Bohren der Löcher noch gut sichtbar und dient als Kontrollkreis. Alles, was gebohrt wird, soll mit Kreiskörner versehen werden.

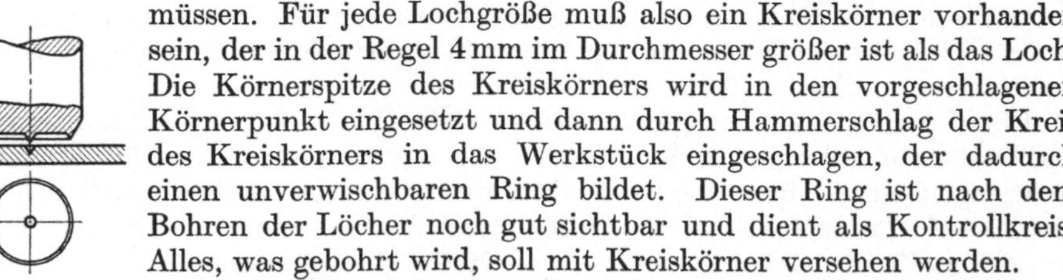

Abb. 5. Kreiskörner

10. Das Kurvenlineal (Abb. 6) benutzt man zum gleichmäßigen Legen und Übertragen von Kurven, wie sie sich bei Abwicklungen ergeben. Die Stellschrauben mit Führungsschienen ermöglichen es, die Feder auf jede gewünschte Kurve einzustellen und zu halten.

11. Das Streichmaß (Abb. 7) wird zum Ziehen von parallelen Linien zu Profilstahl-, gehobelten oder gedrehten Kanten gebraucht. Es wird an der Kante entlanggeführt und mit der Reißnadel, die im Einschnitt gehalten wird, die Parallele gezogen. Der Führungswinkel kann beliebig verschoben und durch die Stellschraube festgesetzt werden.

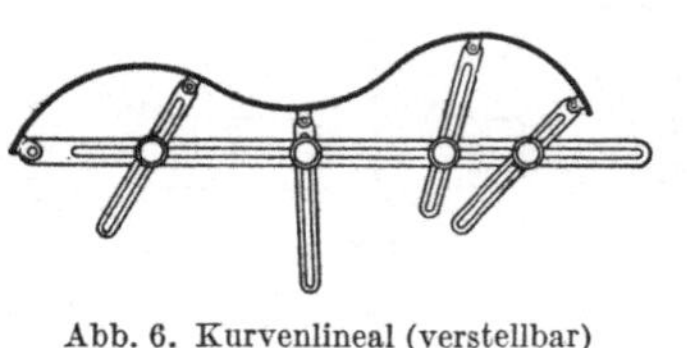

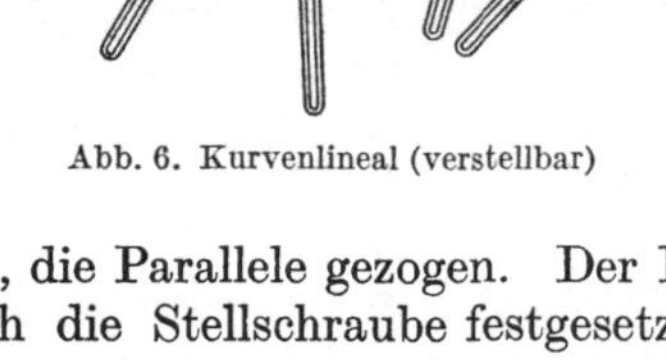

Abb. 6. Kurvenlineal (verstellbar)

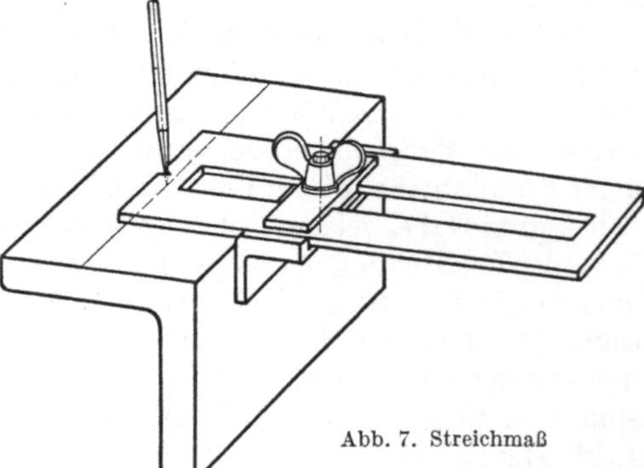

Abb. 7. Streichmaß

12. Sonderstreichmaß (Abb. 8). Um bei Profilstahlstangen die Mittellinie genau vorzuzeichnen, kann das Lineal nicht benutzt werden, weil weder die Stangen selbst noch ihre Kanten gerade sind. Lange Stangen lassen sich auch schwer vor dem Auftragen der Nietteilung geraderichten. Jedenfalls muß die Mittellinie mit der Nietteilung genau zwischen den beiden Kanten der Stangen liegen. Beim Anbau von Profilstahlstangen an einem Werkstück mit geradelaufender Lochreihe ziehen sich die krummen Stangen dann von selbst nach dieser geraden Lochreihe gerade.

Damit nun die gezogene Lochlinie parallel zur Kante der Profilstahlstange läuft, bedient man sich des besonderen Streichmaßes. Daran sind zwei Zapfen so angeordnet, daß sie an den Profilstahlkanten entlang gleiten. Mitten zwischen den Zapfen, auf einer Verbindungslasche, befindet sich ein kurzer Stahlstift, der als Reißnadel dient und die Mittellinie zeichnet, wenn das Streichmaß über die Profilstahlstange geführt wird. Dabei müssen die Führungszapfen ständig an den Kanten gleiten.

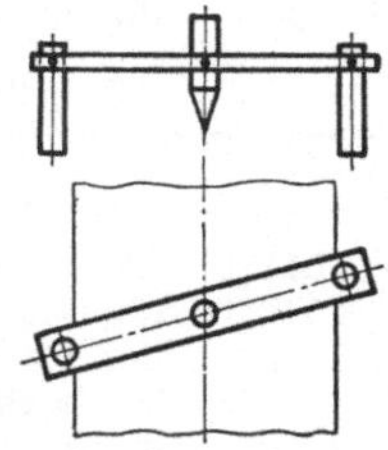

Abb. 8. Streichmaß zum Vorzeichnen von Mittellinien zwischen zwei parallelen Kanten

II. Die Grundlagen zum Vorzeichnen

A. Die werkstoffkundliche Grundlage

13. Allgemeines über die Bleche. Die im Kessel- und Apparatebau verwendeten Bleche sind hauptsächlich Stahlbleche. Außerdem werden auch Leichtmetallbleche aus Aluminium, Aluminium-Legierungen und Magnesium-Legierungen zu Behältern und Apparaten verarbeitet.

Mit *Stahl* bezeichnet man alle schmiedbaren Eisensorten. Aus dem Roheisen, das der Hochofen liefert, gewinnt man entweder durch das Umschmelzen das Gußeisen oder durch ein sogenanntes Frischverfahren, bei dem im flüssigen Zustande des Roheisens der darin enthaltene Kohlenstoff fast vollständig verbrannt wird, den Stahl, dem man dann in flüssigem Zustande die gewünschten Beimengungen (Legierungen), auch Kohlenstoff, wieder zusetzt. Man gießt ihn in Formen (Stahlformguß, Stahlguß) oder in Kokillen, in denen er zu Blöcken oder Brammen (flache Blöcke) erstarrt. Die Brammen werden zu Blechen ausgewalzt.

Stahl ist also Eisen mit einem geringen Kohlenstoffgehalt: 0,05% des Gewichtes bei ganz weichem Stahl für Bleche und Drähte bis zu rd. 1,5% bei den härtesten Werkzeugstählen. Baubleche und Kesselbleche haben höchstens 0,25% Kohlenstoff. Je weniger Kohlenstoff er enthält, desto weicher und dehnbarer und desto leichter zu schweißen ist der Stahl, je mehr, desto größere Festigkeit besitzt er.

Das Frischverfahren beseitigt zugleich die sonstigen aus dem Roheisen stammenden Verunreinigungen; das Ergebnis ist aber bei den verschiedenen Verfahren unterschiedlich, auch hat die verschiedene Art der Wärmebehandlung dabei einen Einfluß auf die Güte des Bleches. Deshalb müssen die Bleche im Walzwerk durch einen amtlich anerkannten Sachverständigen abgenommen und mit einem Gütestempel versehen werden.

Werden dem Stahl bei der Herstellung gewisse Mengen anderer Stoffe, wie z. B. Mangan, Chrom, Nickel, Molybdän oder Vanadium, zugesetzt, so spricht man von *legierten* Stählen (legieren = verschmelzen). Sie haben gegenüber den Kohlenstoffstählen bestimmte Sondereigenschaften, z. B. Widerstandsfähigkeit gegen Anfressungen (Rost, Korrosion), gegen Zunderbildung bei Feuerberührung, oder auch gute Festigkeitseigenschaften bei höheren Temperaturen (warmfeste Stähle). Die Bezeichnungen der Stähle, ihre chemischen Zusammensetzungen, Eigenschaften und Verwendungsmöglichkeiten sind genormt.

Tabelle 1 enthält die für den Kessel- und Apparatebau wichtigsten Normblätter über Bleche, außerdem ein Blatt über warmfeste Stahlrohre.

Bei den *Festigkeitswerten* findet man hauptsächlich die Zugfestigkeit, Dehnung, Streckgrenze, Kerbzähigkeit, Dauerfestigkeit und Warmfestigkeit. Die *Zugfestigkeit* wird in kg/mm² (lies: kg auf den qmm oder kg durch mm Quadrat) angegeben und berechnet aus der Kraft in kg, die die Zerreißmaschine beim Zerreißen des Prüfstabes als höchste Last anzeigt, geteilt durch den Querschnitt des Prüfstabes vor dem Zerreißen in qmm. Zwischen der Zugfestigkeit und der *Härte* nach *Brinell*, die durch das Eindrücken einer Kugel bestimmt wird, besteht bei den Stählen ein Zusammenhang.

Als *Dehnung* oder *Bruchdehnung* bezeichnet man die auf das 10fache des Prüfstabdurchmessers bezogene Verlängerung des Stabes während des Zerreißvorganges. *Beispiel*: Prüfstabdurchmesser 20 mm, Meßlänge auf dem Stab angezeichnet mit 200 mm, Entfernung der

Meßmarken voneinander nach dem Zerreißen 244 mm, Verlängerung 244—200 = 44 mm, Dehnung 44/200 = 0,22 oder 22%. Diese Bruchdehnung wird mit δ_{10} (griech. delta) bezeichnet, wenn sie sich wie im Beispiel auf die 10fache Meßlänge bezieht. Sehr oft werden kürzere Zerreißstäbe verwendet, bei denen nur die 5fache Meßlänge angezeichnet wird. Man bezeichnet die Bruchdehnung dann mit δ_5. Vergleichbar sind nur Ergebnisse gleicher Meßlänge.

Tabelle 1. *DIN-Normblätter über Bleche und Rohre (Auswahl)*

DIN-Nr.	Inhalt
1541	Stahlblech unter 3 mm (Feinblech, Ziehblech usw.); Dicken, Größen
1542	Stahlblech von 3 bis 4,75 mm (Mittelblech); Dicken, Größen
1543	Stahlbleche 5 mm und darüber (Grobbleche), Riffel- und Warzenbleche; Maß und Gewichtsabweichungen
1620	Stahlbleche (Grobbleche über 4,75 mm); Allgemeines
1621	Stahlbleche (Grobbleche über 4,75 mm); Gütevorschriften
1622	Stahlblech von 3 bis 4,75 mm (Mittelblech); Technische Lieferbedingungen
1623	Stahlblech unter 3 mm (Feinblech); Technische Lieferbedingungen
17155	Kesselbleche; Technische Lieferbedingungen, Eigenschaften
17175	Nahtlose Stahlrohre mit gewährleisteten Warmfestigkeitseigenschaften; Technische Lieferbedingungen, Eigenschaften
1745	Aluminium-Knetlegierungen für Bleche und Bänder, Festigkeitswerte
1753	Aluminiumblech, kalt gewalzt, bis 5 mm Dicke, Abmessungen
1783	Bleche aus Aluminium-Knetlegierungen, Abmessungen
1788	Aluminiumblech, kalt gewalzt, Technische Lieferbedingungen
9101	Magnesiumlegierungen, Bleche

Anmerkung: Maßgeblich ist stets die neueste Ausgabe des betr. Normblattes, die vom Beuth-Vertrieb, Berlin W 15 oder Köln, zu beziehen ist.

Streckgrenze ist kurz gesagt diejenige Beanspruchung des Werkstoffes, bei der er sich bleibend verformt[1]. Die höchste Betriebsbeanspruchung eines Werkstoffes muß also stets unter der Streckgrenze bleiben.

Die *Kerbzähigkeit* wird durch Brechen eines angekerbten Prüfstabes mit dem Pendelschlaghammer geprüft.

Dauerfestigkeit umfaßt Dauerstandfestigkeit und Dauerwechsel- oder Schwingungsfestigkeit. *Dauerstandfestigkeit* ist diejenige ruhende Beanspruchung, die ein Werkstoff über sehr lange Zeiträume erträgt, ohne seine Form zu ändern. Sie liegt unter der im Zerreißversuch festgestellten Streckgrenze. Wesentlich niedriger liegt bei einem Werkstoff seine *Wechsel-* oder *Schwingungsfestigkeit*, weil Wechsel- und Schwingungsbeanspruchungen für den Werkstoff besonders ungünstig sind, z. B. wechselnd zwischen Zug und Druck oder Hin- und Herbiegen, Stöße usw.

Schließlich sei noch die *Warmfestigkeit* genannt, die durch Zerreißen bei höheren Temperaturen, z. B. 400 oder 500° C bestimmt wird. Für die genormten Werkstoffe sind die vorgeschriebenen Festigkeiten in den betr. Normblättern angegeben.

14. Gewöhnliche Bleche nach DIN 1620 bis 1623, sogenannte Handelsware, werden zur Anfertigung von drucklosen Behältern, Rohrleitungen oder Blechkonstruktionen verwandt. Die Markenbezeichnung für Grobbleche über 4,75 mm ist St 00.21; St bedeutet Stahl, die Zahl 21 weist hin auf DIN 1621. Für Mittelbleche kommen St 00.22 und St 00.22 S in Frage. St 00.21 und 22 sind im allgemeinen schweißbar, bei St 00.22 S ist die Schweißbarkeit gewährleistet. Im übrigen werden diese Bleche im Walzwerk nicht geprüft und es werden auch keine Gütezahlen für Festigkeit und Dehnung gewährleistet; die Zugfestigkeit liegt zwischen 34 und 50 kg/mm². Derartige Bleche sind daher mit größter Vorsicht scharfkantig zu biegen und weder mit der Flamme noch im Feuer zu bearbeiten. Feinbleche unter 3 mm nach DIN 1623 sind St I 23 und St II 23: Schwarzblech I und II.

15. Baubleche nach DIN 1621 (Grobbleche über 4,75 mm) und DIN 1622 (Mittelbleche von 3 bis 4,75 mm) werden für Behälter und Rohrleitungen mit

[1] Genaue und ausführliche Angaben über die Prüfung der Werkstoffe findet man in den Normblättern (z. B. DIN 50145/46 Zugversuch), in den guten Ingenieur-Handbüchern, z. B. Dubbel und Hütte, und in dem Werkstattbuch Heft 34: Werkstoffprüfung, Metalle.

geringem Druck zur Aufnahme von Flüssigkeiten, Gasen usw. verarbeitet. Sie werden vom Walzwerk auf ihre Güte geprüft. Von den aus jeder Bramme gewalzten Blechen werden einem Teil (5%) Probestreifen entnommen und nach DIN 1605 durch Zug- und Faltversuch geprüft. Bei Feinblechen, Mittelblechen, Riffel- und Warzenblechen brauchen nur Faltversuche vorgenommen zu werden. Über die Ergebnisse der Prüfung wird auf Verlangen Werksbescheinigung mitgeliefert. Tabelle 2 enthält die genormten Baubleche. Diese Bleche sind im allgemeinen schweißbar, bei St 37.22 S (Baublech IS) ist die Schweißbarkeit gewährleistet.

Der kleinste Biegeradius beim Biegen von scharfkantigen Ecken an Baublechen soll nicht unter zwei Blechstärken gewählt werden. Die Baubleche lassen sich mit der Flamme und im Feuer bearbeiten. Dabei ist darauf zu achten, daß ein Bearbeiten in der Blauwärme selbstverständlich unterbleibt. Eine Erwärmung mit der Leuchtgas- oder Wassergas-Flamme oder im Feuer ist einer solchen mit der Azetylenflamme vorzuziehen, denn die Azetylenflamme ruft eine starke örtliche Erwärmung hervor, die leicht eine Überhitzung zur Folge haben kann. Zum Schutz des Bleches arbeitet man bei Azetylen mit Gasüberschuß.

Tabelle 2. *Baubleche nach DIN 1621 und 1622 (Mittelbleche)* (vgl. Anmerkung zu Tabelle 1)

Markenbezeichnung	Benennung	Zugfestigkeit kg/mm²	Bruchdehnung δ_{10} %
St 37.21	Baublech I	37 bis 45	18, 20[1]
St 42.21	,, II	42 bis 50	16, 20[1]
St 37.22	Baublech I	37 bis 45	20
St 37.22S	,, IS	37 bis 45	20
St 42.22	,, II	42 bis 50	20

[1] Die höheren Dehnungswerte gelten nur für Bleche über 10 mm.

16. Kesselbleche. Zum Bau von Dampfkesseln, Dampf- und Druckfässern werden nur Kesselbleche nach DIN 17155 (Tabelle 3) verwendet. Mit Rücksicht auf die große Gefahr für Leben und Gesundheit der Menschen beim Zerknall von

Tabelle 3. *Kesselbleche nach DIN 17155* (s. Anmerkung zu Tabelle 1)

Bezeichnung	Chem. Zusammensetzung[1] in %					Zugfestigkeit kg/mm²	Kennwerte[2] K in kg/mm² für °C							
	C	Si	Mn	Cr	Mo		20	250	300	350	400	450	475	500
I	≤0,17	≤0,35	≥0,3	≤0,3		35—45	19	14	12	9	7	4	(3)	
II	≤0,23	≤0,35	≥0,3	≤0,3		41—50	22	16	14	12	9	5	(3)	
H I	≤0,16	≤0,35	≥0,4	≤0,3		35—45	21	16	14	12	9	5	(3)	
H II	≤0,20	≤0,35	≥0,5	≤0,3		41—50	24	19	17	14	10	6	(4)	
H III	≤0,22	≤0,35	≥0,55	≤0,3		44—53	26	21	19	16	12	8	(5)	
H IV	≤0,26	≤0,35	≥0,6	≤0,3		47—56	27	23	21	18	14	10	(7)	
17 Mn 4	≈0,17	≈0,3	≈1,05	≤0,3		47—56	27	23	21	18	14	10	(7)	
19 Mn 5	≈0,20	≈0,5	≈1,15	≤0,3		52—62	32	24	23	21	17	13	10	(6)
15 Mo 3	≈0,16	≈0,25	≈0,6	≤0,3	≈0,3	44—53	27	22	20	19	16	14	13	11
13CrMo44	≈0,14	≈0,25	≈0,55	≈0,85	≈0,45	44—56	29	26	25	23	20	18	16	14

[1] Außer den angegebenen Beimengungen dürfen bis 0,05% P und 0,05 % S in den ersten 8 Stählen enthalten sein, in den letzten beiden nur je 0,04%. — Chemische Zeichen: C Kohlenstoff, Cr Chrom, Mn Mangan, Mo Molybdän, P Phosphor, S Schwefel, Si Silizium. — Mathematische Zeichen: < ,,weniger als" oder ,,kleiner als"; > ,,mehr als" oder ,,größer als", ≤ ,,gleich oder weniger als", d. h. ,,höchstens"; ≥ ,,gleich oder mehr als", d. h. ,,mindestens"; ≈ ,,ungefähr gleich", d. h. hier ,,mittlerer Wert".

[2] Die Kennwerte K (nach ,,W-B-V f D") sind bis 350° gleichbedeutend mit der Warmstreckgrenze, von 400° an mit der DVM-Kriechgrenze. Diese ist ein nach DIN 50117 im Kurzversuch ermittelter Näherungswert für die Dauerstandfestigkeit bei den höheren Temperaturen. Die Kennwerte K, geteilt durch einen Sicherheitsbeiwert S, der je nach der Herstellungsart einer Kesseltrommel gleich 1,5 bis 2 ist, sind als zulässige Beanspruchungen in die zur Berechnung der Blechdicke vorgeschriebene Formel einzusetzen. Die Einklammerung bestimmter Kennwerte bedeutet, daß der betr. Werkstoff für diese Temperatur nicht mehr geeignet ist.

Zusätzliche Angaben: a) Die *Bruchdehnung* δ_5 der Kesselbleche soll gleich 1000 geteilt durch die Zugfestigkeit sein. — b) Alle Stähle dieser Tabelle sind *schmelzschweißbar*. Für I, II und die letzten 4 Sorten wird dabei *Vorwärmen* auf 200° empfohlen, für H IV ist es erforderlich. — c) H I bis H IV können auch besonders *alterungsbeständig* geliefert werden, H IV außerdem auch *laugenrißbeständig*.

Dampfkesseln usw. unterliegen die Werkstoffe und der Bau von Dampfkesseln, Dampf- und Druckfässern einer *Bauüberwachung* (vgl. Abschn. 3). Als gesetzliche Richtlinie gelten die „W-B-V f D“ sowie die allgemeinen polizeilichen Bestimmungen über Dampfkesselanlagen. Die Bauüberwachung der Baustoffe beginnt schon auf dem Walzwerk bei der Prüfung der einzelnen Bleche. Von jeder Walzplatte[1] werden Probestreifen entnommen und unter Aufsicht eines Sachverständigen, z. B. des zuständigen TÜV, auf Zugfestigkeit, Streckgrenze, Dehnung und Kerbzähigkeit geprüft. Die Ergebnisse dieser Prüfung werden, nach Chargen (Beschickungen) geordnet, registriert und in sogenannten Werks- und Sachverständigenbescheinigungen festgehalten. Abschriften dieser Bescheinigungen werden zu jedem Kesselblech mitgeliefert. Das Blech selbst wird mit einem Werksstempel (Firmenstempel), Chargennummer und mit einem die Güte des Werkstoffes kennzeichnenden Stempel versehen. Die Stempelung auf dem Blech muß mit der Werksbescheinigung übereinstimmen.

Die genormten Kesselbleche sind in Tabelle 3 angegeben. Diese Tabelle läßt an den Kennwerten K erkennen, wie die höheren Temperaturen bei der Berechnung der Blechdicke zu berücksichtigen sind. Auf die Berechnung selbst kann hier nicht eingegangen werden (s. „W-B-V f D“).

Wie schon angeführt, unterliegt auch die *Herstellung* der Dampfkessel usw. der Bauüberwachung. Es muß daher beim Vorzeichnen darauf geachtet werden, daß die zum Kessel gehörenden, auf der Werks- oder Sachverständigenbescheinigung angeführten Bleche zur Verarbeitung kommen. Ferner müssen die auf den Blechen befindlichen Stempel beim fertigen Werkstück gut sichtbar sein und auf der Außenseite liegen. Kommt es vor, daß ein Walzwerksstempel ungünstig liegt, so daß er vielleicht durch Stutzen verdeckt oder durch Stutzenausschnitte ausgeschnitten werden muß, so ist umzustempeln. Dies geschieht in der Weise, daß der Stempel, bevor ausgeschnitten wird, auf eine andere Stelle des Bleches übertragen und vom zuständigen Sachverständigen der Kontrollstempel beigeschlagen wird. Damit die Stempel beim Arbeiten nicht übersehen werden, sind sie schon beim Vorzeichnen der Werkstücke mit Ölfarbe zu überstreichen. Bei der späteren Bauprüfung wird die Ölfarbe dann wieder entfernt, wodurch der Stempel gut sichtbar ist. Wenn Bleche mit Gütestempel zur weiteren Verarbeitung zerschnitten werden müssen, muß der Gütestempel auf jedes Blechstück übertragen werden. Ebenso auf etwaige Reststücke, die später wieder verwendet werden können.

B. Die rechnerische Grundlage

Der Vorzeichner muß bestimmte Verfahren des technischen Rechnens beherrschen, um seine Tätigkeit mit vollem Verantwortungsgefühl ausüben zu können. Auf diese wie auch die sonstigen mathematischen Grundlagen kann in diesem Buch nur soweit eingegangen werden, wie sie der Vorzeichner unbedingt für seine Arbeit braucht[2].

17. Rechnungsarten und Buchstabenrechnen. Man rechnet in der Technik gern erst mit Buchstaben bis zum Ergebnis und setzt dann für die Buchstaben Zahlen ein, um so die einmalige Rechnung für alle gleichartigen Fälle brauchbar zu machen. Wie man rechnet

[1] Aus einer Walzplatte können meist mehrere Bleche geschnitten werden.

[2] Wer sich eingehender mit den Rechenverfahren beschäftigen, dabei auch das logarithmische Rechnen und das Rechnen mit dem Rechenschieber, mit Schaubildern und sonstigen Hilfsmitteln kennen lernen möchte, sei auf die beiden Werkstattbücher Heft 52 „Technisches Rechnen I“ und Heft 63 „Der Dreher als Rechner“ verwiesen. Heft 63 ist für den Anfänger besonders leicht verständlich, während Heft 52 gewisse Gundlagen im Rechnen voraussetzt, aber dann auch sehr weit hineinführt in die schwierigeren Rechenverfahren der Technik.

125 mm + 65 mm = 180 mm, so kann man auch sagen a mm + b mm = c mm. Dieselben Rechnungsarten, die vom Zahlenrechnen her bekannt sind, kann man sinngemäß auch mit Buchstaben durchführen.

a) *Zusammenzählen oder Addieren,* z. B. $a + b = c$ (lies a plus b gleich c). a und b heißen Summanden, c ist die Summe. Die Reihenfolge beim Addieren ist beliebig.

b) *Abziehen oder Subtrahieren,* z. B. $a - b = c$ (lies a minus b gleich c). a ist der Minuend, b der Subtrahend, c die Differenz. Kontrolle: $b + c = a$.

Beispiel: $a = 37$, $b = 19$, also $c = 37 - 19 = 18$. Kontrolle: $19 + 18 = 37$.

c) *Malnehmen oder Multiplizieren,* z. B. $a \cdot b = c$ (lies a mal b gleich c). a und b heißen Faktoren, ihre Reihenfolge ist beliebig, c ist das Produkt. Zwischen Buchstaben sowie zwischen Buchstaben und Zahlen kann der Punkt als Zeichen für „mal" auch weggelassen werden, aber nicht zwischen Zahlen. Man beachte z. B. den Unterschied zwischen $3 \cdot \frac{5}{8}$ (drei mal 5/8) und dem gemischten Bruch $3\frac{5}{8}$.

Beispiel: $6a \cdot 8b = 6 \cdot 8 \cdot a \cdot b = 48\,a\,b$ (lies $6a$ mal $8b$ gleich 6 mal 8 mal a mal b gleich 48 a mal b).

d) *Teilen oder Dividieren,* z. B. $a : b = c$ oder $a/b = c$ (lies a geteilt durch b gleich c oder einfach a durch b gleich c; den schrägen Bruchstrich nimmt man gern beim Druck, um Platz zu sparen). a ist der Dividend, b der Teiler oder Divisor, c der Quotient. Zugleich ist a/b die Grundform des Bruches; dann ist a der Zähler und b der Nenner. Ist der Zähler a kleiner als der Nenner b, so ist der Bruch ein gemeiner Bruch, im umgekehrten Falle ein gemischter Bruch, z. B. $a = 17$, $b = 8$, also $c = a/b = 17/8 = 2\frac{1}{8}$.

Regeln für das Rechnen mit Brüchen: Man nimmt zwei Brüche mal, indem man Zähler mit Zähler und Nenner mit Nenner malnimmt; man teilt durch einen Bruch, indem man den als Teiler geltenden Bruch umkehrt und damit malnimmt, z. B. $\frac{a}{b} : \frac{c}{d} = \frac{a}{b} \cdot \frac{d}{c} = \frac{a \cdot d}{b \cdot c}$.

e) *Rechnen mit Klammerausdrücken.* Bei dem Ausdruck $4a + 12b$ ist die 4 auch in der 12 enthalten, man kann deshalb dafür auch schreiben $4\,a + 12\,b = 4\,(a + 3\,b)$, d. h. die 4 ist als Faktor vor die Klammer gesetzt worden. Löst man die Klammer wieder auf, so muß der davor stehende Faktor mit allen in der Klammer stehenden Größen malgenommen werden. Auch ein vor einer Klammer stehendes Minuszeichen gilt für alle darin stehenden Größen, kehrt also beim Auflösen der Klammer die Vorzeichen der darin stehenden Größen um, z. B. $3\,a - 5\,(2\,b - 3\,c + 6\,x) = 3\,a - 10\,b + 15\,c - 30\,x$; oder z. B. $(6a - 8\,b)\,(2c - 3\,d) = 12\,a\,c - 16\,b\,c - 18\,a\,d + 24\,b\,d$.

Man merke genau: plus mal plus gleich plus, plus mal minus gleich minus, minus mal minus gleich plus.

Schließlich noch etwas über das *Ordnen* einer Gleichung, um z. B. die Größe von x daraus ausrechnen zu können. Gegeben sei der Ausdruck $2\,x + 3\,a = 4\,b$. Wir müssen also die $3\,a$ nach rechts bringen. Das geschieht, indem in der Gleichung links und rechts ($-\,3\,a$) hinzugefügt wird, denn wir wissen, daß eine Gleichung sich nicht ändert, wenn auf beiden Seiten des Gleichheitszeichens dieselbe Größe addiert oder subtrahiert wird. Wir erhalten: $2\,x + 3\,a - 3\,a = 4\,b - 3\,a$; links hebt sich $3\,a$ weg, also $2\,x = 4\,b - 3\,a$, d. h. bringt man eine Größe auf die andere Seite einer Gleichung, so kehrt sich das Vorzeichen um. Die Gleichung wird nun noch durch 2 geteilt: $\frac{2\,x}{2} = \frac{4\,b}{2} - \frac{3\,a}{2}$, und damit $x = 2\,b - 1{,}5\,a$.

18. Verhältnisse oder Proportionen sind ein Sondergebiet der Bruchrechnung. Die Gleichung $a/b = c/d$ können wir auch schreiben $a : b = c : d$ (lies a verhält sich zu b wie c zu d). Wir erkennen, daß zu einer Proportion stets 4 Glieder gehören. a und d sind die äußeren, b und c die inneren Glieder. Das muß man sich merken, denn es ist die Grundlage für das Rechnen mit Proportionen. Es gelten nun folgende *Regeln*:

1. Das Produkt der äußeren Glieder ist gleich dem Produkt der inneren Glieder: Wenn $a : b = c : d$, dann ist $a \cdot d = b \cdot c$.

2. Die beiden äußeren Glieder einer Proportion können untereinander vertauscht werden, ebenso die beiden inneren Glieder unter einander, niemals aber ein äußeres gegen ein inneres Glied. Man kann also schreiben: $a : b = c : d$ oder $d : b = c : a$ oder $a : c = b : d$.

Wenn nun drei Glieder einer Proportion bekannt sind, kann man das vierte berechnen. In der Gleichung $a : b = c : d$ möge a unbekannt sein, wir setzen x dafür ein und erhalten $x : b = c : d$ sowie die Produktengleichung $x \cdot d = b \cdot c$. Diese Gleichung teilen wir durch d, also wird $\frac{x \cdot d}{d} = \frac{b \cdot c}{d}$ und nach Wegfall von d auf der linken Seite $x = \frac{b \cdot c}{d}$. So können wir jedes der vier Glieder als unbekannt annehmen und erhalten die *Regel:*

In einer Proportion ist jedes äußere Glied gleich dem Produkt der beiden inneren Glieder, geteilt durch das andere äußere Glied, sowie jedes innere Glied gleich dem Produkt der beiden äußeren Glieder, geteilt durch das andere innere Glied.

Wenn in einer Proportion oder in einem Bruch große Zahlen vorkommen, dann empfiehlt es sich, diese nach Möglichkeit in ihre Faktoren[1] zu zerlegen (vgl. auch Abschnitt 29). So z. B. besteht die Zahl 144 aus den Faktoren $2 \cdot 2 \cdot 2 \cdot 2 \cdot 3 \cdot 3$.

Beispiel: Kessel A wiegt 4158 kg, B 5544 kg, wie verhalten sich diese Gewichte zueinander? Wir schreiben das Verhältnis $A : B$ als Bruch:

$$\frac{A}{B} = \frac{4158}{5544} = \frac{2 \cdot 3 \cdot 3 \cdot 3 \cdot 7 \cdot 11}{2 \cdot 2 \cdot 2 \cdot 3 \cdot 3 \cdot 7 \cdot 11} = \frac{3}{4}, \text{ also } A : B = 3 : 4.$$

19. Zwischenwertberechnen oder Interpolieren. Die Tabelle 8, ,,Kreisgrößen für den Radius 1" (Seite 37), dient dazu, die Kreisbogenlänge, Sehne und Bogenhöhe nach Abb. 9 (Seite 16) zu berechnen, wenn der Halbmesser (Radius) und der Zentriwinkel bekannt sind. Die Tabelle ist nach vollen Winkelgraden unterteilt, aber nach Abschn. 49 können auch Winkel vorkommen, die in Grad, Minuten und Sekunden angegeben sind (vgl. Abschn. 22). Die Frage ist, wie die zu solchen Winkeln gehörenden Werte aus der Tabelle bestimmt werden können. Folgende Beispiele mögen die Antworten geben:

Beispiel 1. In Abb. 18 (Seite 19) sei der Winkel $\alpha = 64°$ und der Radius $R = 945$ mm, wie groß ist die Länge des Kreisbogens U?

Lösung: Nach Tabelle 8 gehört zu 64° der Faktor für die Bogenlänge $Z_B = 1{,}1170$. Nimmt man diesen Faktor mit dem Radius mal, so erhält man die Bogenlänge, also

$$U = 945 \cdot 1{,}1170 = 1055{,}56 \approx 1056 \text{ mm}.$$

Beispiel 2. Der Winkel betrage $\alpha = 64° \, 38'$, wie groß wird Z_B?

Lösung: α ist größer als 64° und kleiner als 65°, also muß Z_B zwischen 1,1170 und 1,1345 liegen. Der Unterschied ist 1,1345 — 1,1170 = 0,0175. 1° ist gleich 60′. Wir müssen den Unterschied von 0,0175, der einem vollen Grad entspricht, im Verhältnis von 38′ zu 60′ aufteilen, erhalten also die Proportion $x : 0{,}0175 = 38 : 60$ und daraus

$$x = \frac{0{,}0175 \cdot 38}{60} \approx 0{,}011 .$$

Diesen Betrag rechnen wir zu dem für 64° abgelesenen Werte 1,1170 hinzu, so daß für $\alpha = 64° \, 38'$ der Faktor $Z_B = 1{,}1170 + 0{,}0111 = 1{,}1281$ wird.

Beispiel 3. Der Winkel betrage $\alpha = 65° \, 34' \, 22''$, wie groß wird Z_B?

Lösung: Der Winkel liegt zwischen 65° und 66°, daher liegt Z_B zwischen 1,1345 und 1,1519. Der Unterschied ist 1,1519 — 1,1345 = 0,0174. Dieser Unterschied muß im Verhältnis von 34′ 22″ zu 1° geteilt werden. Zu diesem Zweck verwandeln wir beides in Sekunden: $1° = 3600''$, $34' = 34 \cdot 60 = 2040''$, dazu 22″ ergibt 2062″. Wir können die Proportion bilden $x : 0{,}0174 = 2062 : 3600$, daraus wird $x = \frac{0{,}0174 \cdot 2062}{3600} = 0{,}0099$.

Folglich wird für $\alpha = 65° \, 34' \, 22''$ der Faktor $Z_B = 1{,}1345 + 0{,}0099 = 1{,}1444$.

Beispiel 4. Der Winkel sei als Dezimalbruch gegeben: $\alpha = 71{,}9°$. Wie groß ist Z_B?

Lösung: Ein voller Grad hat 10 Zehntel, also muß der Unterschied zwischen den Z_B-Werten für 71° und 72° im Verhältnis 0,9 : 1 oder 9 : 10 geteilt werden:

Für 71° ist $Z_B = 1{,}2392$ 1,2566 — 1,2392 = 0,0174
Für 72° ist $Z_B = 1{,}2566$ $0{,}9 \cdot 0{,}0174 = 0{,}0157$,
folglich für $\alpha = 71{,}9°$ Faktor $Z_B = 1{,}2392 + 0{,}0157 = 1{,}2549$.

Beispiel 5. Ein als Dezimalbruch gegebener Winkel soll in Grade, Minuten und Sekunden umgerechnet werden: a) $\alpha = 64{,}7°$; b) $\alpha = 64{,}53°$.

Lösung zu a): Ein voller Grad hat 60′, ein zehntel Grad also 6′, somit 0,7 oder 7/10 Grad gleich $7 \cdot 6 = 42'$; $64{,}7° = 64° \, 42'$.

Lösung zu b): Ein hundertstel Grad hat $3600/100 = 36''$, folglich erhalten wir für die 0,53°, die wir zweckmäßig in 5 zehntel und 3 hundertstel aufteilen, einmal $5 \cdot 6 = 30'$ und dazu $3 \cdot 36 = 108'' = 1' 48''$, der Winkel ist also $64{,}53° = 64° \, 31' \, 48''$.

In ähnlicher Weise, wie hier gezeigt wurde, berechnet man auch bei anderen Tabellen (Quadratzahlen, Gewichtstabellen usw.) die Zwischenwerte. Bei entsprechender Übung kann man dabei, besonders wenn die Unterschiedswerte nur eine oder zwei Stellen groß sind, fast ganz im Kopfe rechnen.

[1] In dem Werkstattbuch Heft 4 ,,Wechselräderberechnung" ist eine Faktorentafel enthalten, in der die Zahlen von 1 bis 10000 in ihre Faktoren zerlegt sind.

20. Potenzen und Wurzeln. Statt eine Zahl, die dreimal mit sich selbst malgenommen, also dreimal als Faktor gesetzt werden soll, dreimal hinzuschreiben, kann man sie mit einer kleinen hochgestellten 3 versehen, z. B. $8 \cdot 8 \cdot 8 = 8^3$. Diesen Ausdruck 8^3 nennt man eine Potenz, darin ist 8 die Basis und 3 der Exponent, man liest 8 mal 8 mal 8 gleich 8 hoch 3. So ist z. B. $2^6 = 128$ (lies 2 hoch 6 gleich 128). Die Basis einer Potenz kann auch ein Buchstabe oder eine Summe oder Differenz von Buchstaben sein, die in einer Klammer zusammengefaßt sind, z. B. $x^2 = x \cdot x$ und $(a + b)^2 = (a + b) \cdot (a + b)$. Der Exponent an einer Klammer bezieht sich stets auf die ganze Klammer als Basis. Um $(a + b)^2$ auszurechnen, schreibt man zweckmäßig die Faktoren hin:

$$(a + b)^2 = (a + b) \cdot (a + b) = a^2 + b \cdot a + a \cdot b + b^2 = a^2 + 2 \cdot a \cdot b + b^2.$$

$$(a - b)^2 = (a - b) \cdot (a - b) = a^2 - b \cdot a - a \cdot b + b^2 = a^2 - 2 \cdot a \cdot b + b^2.$$

Aber: $(a + b) \cdot (a - b) = a^2 + b \cdot a - a \cdot b - b^2 = a^2 - b^2.$

Genau so wie die Basis kann auch der Exponent einer Potenz ein Buchstabe oder eine aus mehreren Gliedern zusammengesetzte Größe sein, z. B. a^n oder $(a + x)^{b+4}$ usw.

Um das Wurzelziehen oder Radizieren zu erklären, denken wir uns ein Rechteck mit 18 und 8 m Seitenlänge, also $18 \cdot 8 = 144$ qm oder m² Flächeninhalt. Um diese Fläche in ein Quadrat zu verwandeln, muß man die Seitenlänge suchen, die mit sich selbst malgenommen 144 ergibt. Durch Probieren erhält man die Zahl 12 und sagt: 12 ist die Wurzel oder Quadratwurzel aus 144, geschrieben $\sqrt{144} = 12$ (lies Wurzel oder Quadratwurzel aus 144 gleich 12).

Beispiel für eine *Quadratwurzel*: $\sqrt{2903{,}125} = ?$

Schema für die Lösung: $(a + b)^2 = a^2 + 2ab + b^2$. Je zwei Stellen vom Komma nach links bzw. nach rechts ergeben eine Stelle beim Ergebnis, deshalb teilt man zur besseren Übersicht vom Komma aus nach links und rechts durch feine Striche die Zahl unter der Wurzel ein; dann wird gerechnet, wie nebenstehend. Wurzel aus 29 gleich 5 bezeichnen wir mit a_1 und behalten nach Abzug von $a_1^2 = 25$ als Rest 4 übrig, holen aus der nächsten Gruppe die 0 herunter. In dieser 40 muß nun $2ab$ enthalten sein, wir teilen sie deshalb durch $2a_1$. Das würde 4 ergeben, aber es würde nichts übrig bleiben, wovon unter Hinzunahme der nächsten 3 von oben $b_1^2 = 16$ bestritten werden könnte. Deshalb können wir b_1 nur gleich 3 nehmen, erhalten nun $2a_1 b_1 = 30$ und als Rest 10, unter Hinzunahme der 3 von oben 103, wovon nach Abzug von $b_1^2 = 9$ die Zahl 94 übrig bleibt. Wir sind jetzt unter der Wurzel bei dem Komma angelangt und müssen deshalb auch beim Ergebnis hinter der 3 das Komma setzen. Nun betrachten wir die Zahl 53 als das a unseres Schemas und setzen

$$\begin{array}{rl}
 & \sqrt{29|03{,}12|5} \\
a_1^2 = & 25 \\
 & 40 : 10 \text{ (das ist } 2a_1) \\
2a_1 b_1 = & 30 \\
 & 103 \\
b_1^2 = & 9 \\
 & 941 : 106 \text{ (das ist } 2a_2) \\
2a \cdot b_2 = & 848 \\
 & 932 \\
b_2^2 = & 64 \\
 & 8685 : 1076 \text{ (das ist } 2a_3) \\
2a_3 b_3 = & 8608 \\
 & 770 \\
b_3^2 = & 64 \\
 & 7060 : 10776 \text{ (das ist } 2a_4) \\
 & 706000 : 107\,760 \text{ (das ist } 2a_5) \\
2a_5 b_5 = & 646560 \\
 & 594400 \\
b_5^2 = & 36 \\
 & \text{usw.}
\end{array}
\qquad
\begin{array}{l}
a_1\, b_1\, b_2\, b_3\, b_4\, b_5 \\
= 5\,3,\,8\,8\,0\,6
\end{array}$$

(a_2 = 53, a_3 = 538, a_4 = 5388, a_5 = 53880 durch Bögen gekennzeichnet)

$a_2 = 53$ (rechnet man $53^2 = 2809$ aus und zieht diese Zahl von 2903 ab, so bleibt genau wie vorher 94, womit die Berechtigung, $a_2 = 53$ zu setzen, bewiesen ist). In dieser Art wird weiter gerechnet und jedesmal sowohl für das $2ab$ als auch für das b^2 je eine Zahl, und wenn diese hinter dem Komma zuende sind, eine Null heruntergeholt. Auf ein neues b kommen also jedesmal zwei Stellen unter der Wurzel. Man darf nicht vergessen, jedesmal auch das b^2 zu bilden und abzuziehen. Im weiteren Verlauf unseres Beispieles ist $2a_4 = 10776$ größer als die zur Verfügung stehende Zahl 7060. Deshalb ist $b_4 = 0$ und wir hängen an 7060 sofort 2 Nullen an, um gleich b_5 zu berechnen, denn b_4^2 ist ja auch gleich Null. Das Beispiel ist mit b_5 abgebrochen worden, könnte aber noch beliebig weiter fortgesetzt werden.

C. Die geometrische Grundlage

21. Der Kreis (Abb. 9). Beschreibt man mit einer beliebigen Zirkelöffnung um einen Körnerpunkt M eine krumme Linie, so entsteht ein Kreis. Die krumme Linie heißt Kreislinie oder Peripherie des Kreises. Der Körnerpunkt ist der Mittelpunkt M des Kreises.

Der Abstand von M bis zur Kreislinie ist der Halbmesser oder Radius r, $2r = d$ ist der Durchmesser des Kreises. Die Länge der Kreislinie ist der Umfang, die von ihr eingeschlossene Fläche der Flächeninhalt des Kreises. Eine Gerade, die die Kreislinie in A und B schneidet, ist eine Sekante, das zwischen A und B gelegene Stück eine Sehne. Eine Gerade, die den Kreis in Punkt A berührt, steht senkrecht auf Linie M—A und heißt Tangente des Kreises. Die durch eine Sekante von der Kreisfläche abgeschnittene Fläche nennt man Kreisabschnitt. Die senkrechte Entfernung (das Lot) von der Mitte der Sehne bis zur Kreislinie ist die Höhe h des Kreisabschnittes, auch Bogenhöhe des über der Sehne gelegenen Kreisbogens genannt. Zwei Gerade, vom Mittelpunkt M ausgehend, schneiden aus der Kreisfläche einen Kreisausschnitt, auch Sektor genannt, heraus (in Abb. 9 geschrafft). Der Winkel, eingeschlossen von den beiden Geraden, heißt Zentriwinkel.

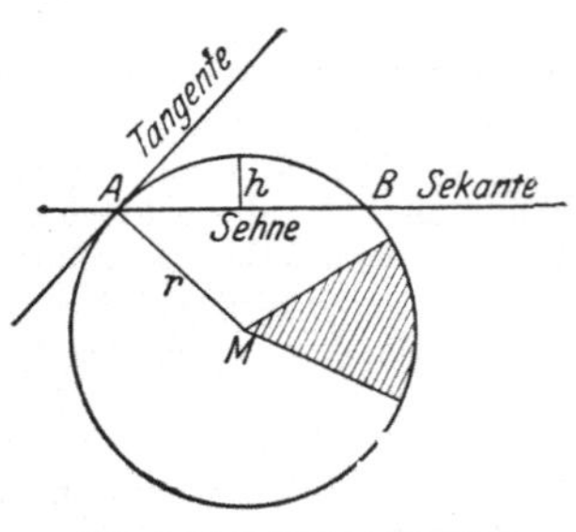

Abb. 9. Beziehungen am Kreis

Der Umfang U des Kreises, also die Länge der Kreislinie, und der Flächeninhalt F des Kreises stehen in einem bestimmten Verhältnis zum Durchmesser; die Verhältniszahl zwischen Umfang und Durchmesser heißt $\pi = 3{,}14159...$ (griech. pi). Aus diesem Verhältnis lassen sich folgende Beziehungen für den Kreis ableiten:

Umfang $U = d \cdot \pi$ oder auch $U = 2\,r \cdot \pi$

Flächeninhalt $F = \dfrac{d^2 \cdot \pi}{4}$ oder auch $F = r^2 \cdot \pi$

Durchmesser $d = \dfrac{U}{\pi}$ oder auch $d = 2 \cdot \sqrt{\dfrac{F}{\pi}}$

Halbmesser $r = \dfrac{U}{2 \cdot \pi}$ oder auch $r = \sqrt{\dfrac{F}{\pi}}$.

22. Der Winkel (Abb. 10). Schneiden oder treffen sich zwei Linien G_1 und G_2 in S, so bilden sie zwischen sich den Winkel $G_1\,S\,G_2 = \alpha$ (griech. alpha). Durch Verlängern der beiden Linien über S hinaus entstehen 4 Winkel am Punkte S. Je nach der Neigung der Linien zueinander ist der von ihnen eingeschlossene Winkel kleiner oder größer. Um ihn messen zu können, benutzt man den Kreis. Schlägt man mit beliebiger Zirkelöffnung um S als Mittelpunkt einen Kreis und teilt ihn vom Schnittpunkt der Linie G_2 aus in 360 gleiche Teile, so kann man am Schnittpunkt der Linie G_1 ablesen, wie groß der Winkel ist, den die beiden Linien einschließen. Die Anzahl der Teile, die auf der Kreislinie zwischen den Linien G_2 und G_1 liegen, gibt an, wieviel Grad der Winkel mißt. Im Beispiel Abb. 10 sind es 30 Teile, also 30 Grad, geschrieben 30°.

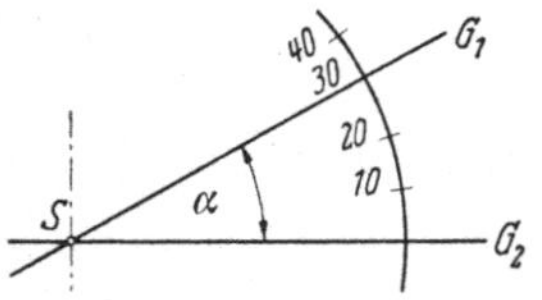

Abb. 10. Winkel mit den Schenkeln G_1S und G_2S, S = Scheitelpunkt

Der Punkt S ist der Scheitel und die Linien G_1S und G_2S sind die Schenkel des Winkels. Die Größe des Winkels, den 2 Linien miteinander einschließen, ist unabhängig von der Länge der Schenkel. Für viele Messungen reicht die Einteilung in Grad nicht aus. Sie muß verfeinert werden. Man teilt 1° wieder in 60 gleiche Teile und erhält eine Minute, geschrieben 1′. Eine Minute teilt man abermals in 60 gleiche Teile und erhält eine Sekunde, geschrieben 1″. Also 1° = 60′, 1′ = 60″, 1° = 60 · 60 = 3600″. Soll angegeben werden, daß ein Winkel 42 Grad 26 Minuten 18 Sekunden groß ist, so schreibt, man: 42° 26′ 18″.

Die Winkelsumme um einen Punkt oder die Summe der Winkel in einem Kreis beträgt immer 360°. Ist der Winkel 90°, so stehen die Schenkel senkrecht aufeinander, und man spricht von einem rechten Winkel. Zwei rechte Winkel, also einen Winkel von 180°, nennt man einen gestreckten Winkel. Winkel, die größer als 0°, aber kleiner als 90° sind, nennt man spitze Winkel, solche, die größer als 90°, aber kleiner als 180° sind, stumpfe Winkel.

Wie jede andere gleichartige Größe können Winkel untereinander zusammengezählt, abgezogen, vervielfacht und geteilt werden. Dabei ist darauf zu achten, daß Grade in Minuten und, falls erforderlich, auch in Sekunden umgewandelt werden. Nach ausgeführter Rechnung werden dann die Werte wieder in Minuten und Grade zurückverwandelt.

23. Das Dreieck (Abb. 11 u. 12.) Verbindet man drei Punkte $A\,B\,C$, die nicht auf einer Geraden liegen, durch gerade Linien, so entsteht ein Dreieck. Das Dreieck ist die einfachste und die Grundfigur aller gradlinigen Figuren in der Ebene. Im Innern des Dreiecks werden drei Winkel eingeschlossen, deren Summe immer 180° beträgt.

Beweis: Zieht man in den Abb. 11 u. 12 parallel zur Grundlinie $B\,C$ durch A die Parallele $E\,F$, so ist Winkel $E\,A\,B = A\,B\,C$ und Winkel $F\,A\,C = A\,C\,B$. Nun ist die Summe der drei Winkel bei A, Winkel $E\,A\,B + B\,A\,C + F\,A\,C = 180°$, folglich auch Winkel $A\,B\,C + B\,A\,C + A\,C\,B = 180°$.

Die Höhe eines Dreiecks ist der senkrechte Abstand der Spitze von der Grundlinie. Sie kann als besondere Linie in das Dreieck eingezeichnet werden.

Auf Grund der Seitenlängen und der Größe der Winkel unterscheidet man neben den ungleichseitigen Dreiecken:

Gleichseitige Dreiecke: Alle drei Seiten sind gleich lang, die Winkel sind gleich groß, folglich je 60°. Die Höhe steht senkrecht auf der Grundlinie und teilt das Dreieck in zwei gleiche rechtwinklige Dreiecke.

Gleichschenklige Dreiecke: Zwei Seiten sind gleich lang, die Winkel an der Grundlinie sind gleich groß.

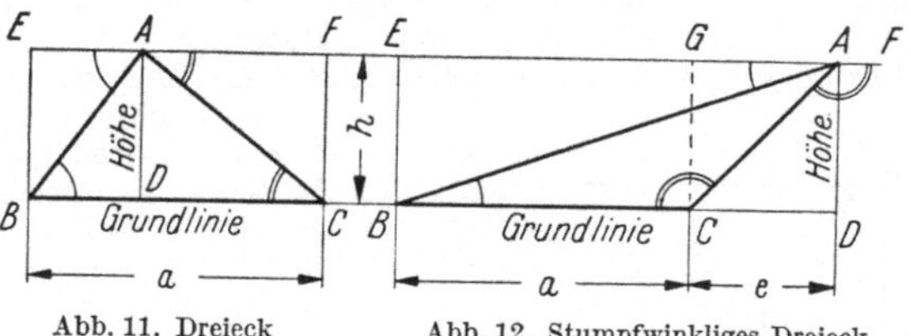

Abb. 11. Dreieck

Abb. 12. Stumpfwinkliges Dreieck

Rechtwinklige Dreiecke: Ein Winkel ist 90°, die Seiten, die den rechten Winkel einschließen, können gleich lang oder ungleich lang sein. Die dem rechten Winkel gegenüberliegende Seite ist stets länger als jede der beiden anderen Seiten.

Der Umfang eines Dreiecks ist: $U = A\,B + B\,C + C\,A$.

Der Flächeninhalt eines Dreiecks ist: $F = \frac{a \cdot h}{2}$.

Beweis: Abb. 11: Rechteck $E\,B\,C\,F$ ist doppelt so groß wie Dreieck $A\,B\,C$, denn Rechteck $A\,E\,B\,D$ wird durch die Linie $A\,B$ und Rechteck $A\,D\,C\,F$ durch $A\,C$ halbiert. Die Fläche des Rechtecks ist Grundlinie mal Höhe, diejenige des Dreiecks also die Hälfte davon.

Abb. 12: Dreieck $A\,B\,C$ = Dreieck $A\,B\,D$ — $A\,C\,D$. Dreieck $A\,B\,D$ ist gleich der Hälfte des Rechtecks $A\,E\,B\,D$ und Dreieck $A\,C\,D$ gleich der Hälfte von $A\,G\,C\,D$, folglich ist Dreieck $A\,B\,C$ gleich der Hälfte des Rechtecks $E\,B\,C\,G$ (vgl. Abschn. 25a).

24. Der Lehrsatz von Pythagoras (Abb. 13). Beim rechtwinkligen Dreieck werden die den rechten Winkel einschließenden Seiten *Katheten* und die dem rechten Winkel gegenüberliegende Seite *Hypotenuse* genannt. Bezeichnet man, wie in jedem Dreieck, die Seiten gegenüber der Ecke A mit a, der Ecke B mit b und der Ecke C mit c, so sind die Seite c die Hypotenuse und die Seiten a und b die Katheten. Pythagoras lehrte zur Berechnung der Länge der Hypotenuse das folgende Gesetz:

In einem rechtwinkligen Dreieck ist die Summe der beiden *Kathetenquadrate* gleich dem *Hypotenusenquadrat.*

Beweis: Dreieck $G\,A\,B$ ist gleich der Hälfte des Quadrates über A C, Dreieck $C\,A\,F$ gleich der Hälfte des Rechtecks $A\,D\,E\,F$. Beide Dreiecke lassen sich deckend auf einander legen (sie sind kongruent), denn sie haben 2 Seiten und den eingeschlossenen Winkel gleich. Folglich ist das Quadrat über $A\,C$ gleich dem Rechteck $A\,D\,E\,F$. Da dasselbe von dem Quadrat über $B\,C$ und dem Rechteck $B\,D\,E\,H$ zu beweisen ist und die beiden Rechtecke zusammen das Quadrat über $A\,B$ bilden, ist der Beweis erbracht.

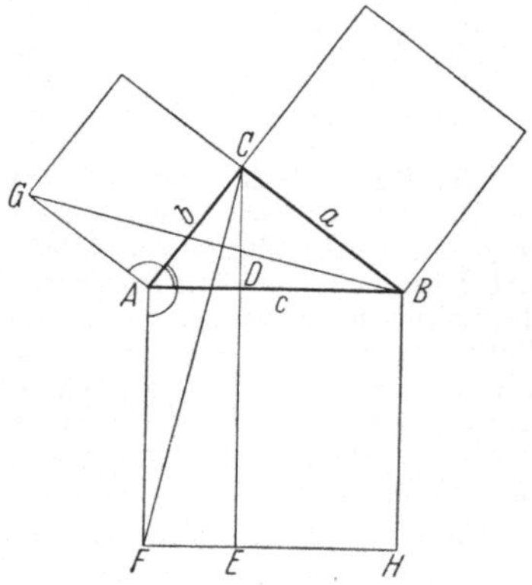

Abb. 13. Rechtwinkliges Dreieck (Schema zum Lehrsatz von Pythagoras)

Werden nun die Bezeichnungen der Seiten für den Lehrsatz von Pythagoras angewandt, so erhält man mit mathematischen Zeichen folgende Form:

$$c^2 = a^2 + b^2.$$

Hieraus kann, wenn 2 Seiten des Dreiecks bekannt sind, abgeleitet werden:

$$c = \sqrt{a^2 + b^2} \qquad a = \sqrt{c^2 - b^2} \qquad b = \sqrt{c^2 - a^2}.$$

25. Das Viereck. Verbindet man vier Punkte $A\ B\ C\ D$, die in einer Ebene, aber nicht auf einer Geraden liegen, durch gerade Linien, so entsteht ein Viereck. Liegen die Punkte unregelmäßig, so entsteht ein unregelmäßiges Viereck. Liegen die Punkte dagegen regelmäßig, so daß bei der Verbindung der Punkte die gegenüberliegenden Seiten des Vierecks parallel laufen und gleiche Längen haben, so entsteht ein regelmäßiges Viereck, Parallelogramm genannt. Die Summe der in einem Viereck eingeschlossenen Winkel beträgt 360°, denn eine Verbindungslinie zweier gegenüberliegender Ecken des Vierecks teilt dieses in zwei Dreiecke und die Summe der Winkel im Dreieck ist gleich 180° (Abschn. 23). Die Verbindungslinien je zweier gegenüberliegender Ecken heißen Diagonalen des Vierecks.

Die beim Vorzeichnen in der Hauptsache vorkommenden Vierecke sind das Rechteck und das Quadrat, sie sollen kurz besprochen werden.

a) *Das Rechteck* (Abb. 14). Sind in einem Viereck die Winkel an allen vier Ecken $A\,B\,C\,D$ gleich groß und daher jeder gleich 90°, so sind die gegenüberliegenden Seiten gleich lang und laufen parallel: man nennt es Rechteck. Die Abwicklung von zylindrischen Mantelschüssen ergibt in den meisten Fällen ein Rechteck. Die Diagonalen ($A\,C$ und $B\,D$) in einem Rechteck sind gleich lang und halbieren sich in ihrem Schnittpunkt, wodurch ihr Schnittpunkt in der Mitte des Rechtecks liegt. Es läßt sich um das Rechteck ein Kreis beschreiben, der durch die 4 Ecken geht; sein Mittelpunkt ist der Schnittpunkt der Diagonalen. Es bestehen folgende Beziehungen:

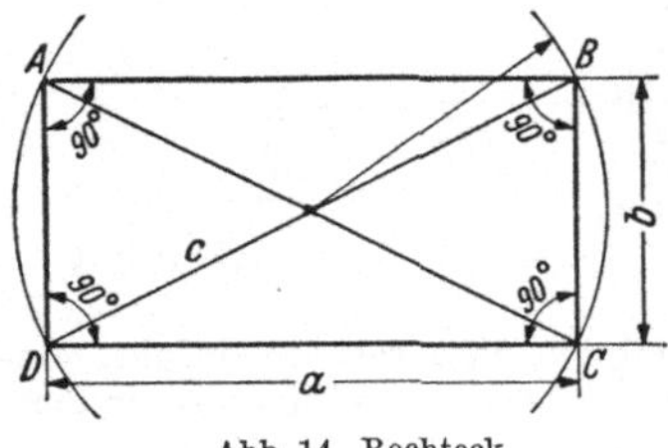

Abb. 14. Rechteck

Umfang des Rechtecks $U = 2\,a + 2\,b,$

Länge der Diagonale $c = \sqrt{a^2 + b^2}$ (s. Abschn. 24),

Flächeninhalt des Rechtecks $F = a \cdot b.$

Beweis am besten zeichnerisch auf kariertem oder mm-Papier mit Zahlenbeispielen.

b) *Das Quadrat* (Abb 15). Sind in einem Viereck alle vier Seiten gleich lang und die Winkel an den Ecken gleichgroß, also je 90°, so nennt man es ein Quadrat. Die Diagonalen in einem Quadrat sind gleich lang und halbieren sich gegenseitig. An den Ecken des Quadrates teilen die Diagonalen die von ihnen durchschnittenen Winkel in zwei gleiche Teile, bilden also mit den Seiten Winkel von 45°. In ihrem Schnittpunkt stehen die Diagonalen senkrecht aufeinander. Das Quadrat ist das einzige Viereck, an welchem sich ein umbeschriebener und ein einbeschriebener Kreis zeichnen läßt. Der Mittelpunkt der Kreise ist der Schnittpunkt der Diagonalen. Es gilt für das Quadrat:

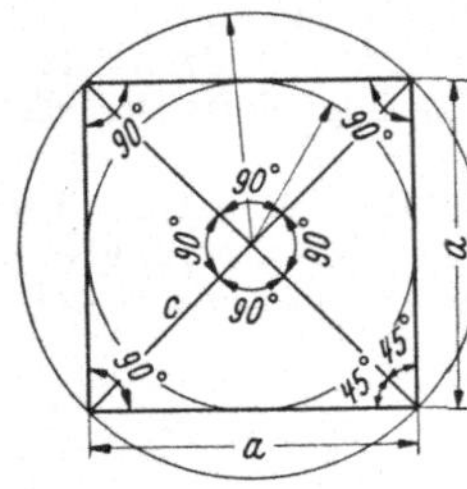

Abb. 15. Quadrat

Umfang $U = 4 \cdot a,$

Länge der Diagonale $c = \sqrt{a^2 + a^2} = \sqrt{2 \cdot a^2} = a \cdot \sqrt{2},$

Flächeninhalt $F = a^2.$

26. Das Vieleck (Abb. 16). Eine von mehr als vier geraden Linien begrenzte Fläche ist ein Vieleck. Es hat ebensoviele Seiten wie Ecken. Sind die Seiten des Vielecks gleich groß, so ist es regelmäßig, im anderen Falle unregelmäßig. Bei regelmäßigen Vielecken lassen sich Kreise ein- und umschreiben. Der Umkreis geht durch die Ecken, der Innkreis berührt die Seiten des Vielecks. Verbindet man den Mittelpunkt des Um- oder Innkreises mit den Ecken des Vielecks, so entstehen gleichschenklige Dreiecke, die beim regelmäßigen Sechseck gleichseitig sind. Beim regelmäßigen Sechseck ist der Halbmesser des Umkreises gleich der Länge einer Seite des Vielecks. Die Winkel an der Spitze der so entstehenden Dreiecke, Zentriwinkel genannt, sind gleich groß. Bezeichnet man mit n die Seitenzahl eines beliebigen regelmäßigen Vielecks, so ist der Zentriwinkel $= 360°/n$.

Aus der Abb. 16 lassen sich nach Abschn. 23 u. 24 die folgenden Beziehungen ableiten:

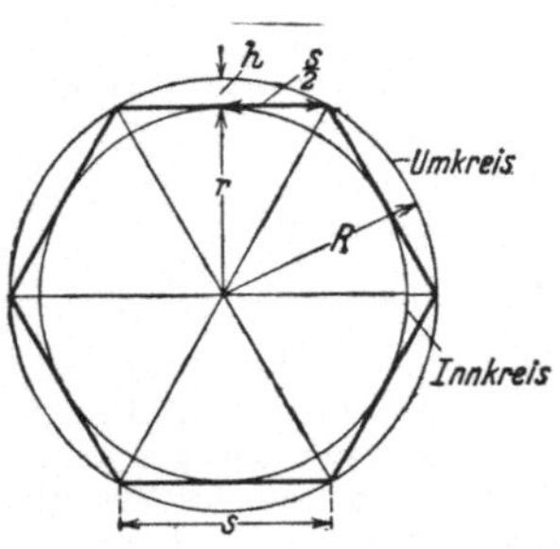

Abb. 16. Vieleck

Radius des Umkreises $R = \sqrt{r^2 + \left(\frac{s}{2}\right)^2},$

Radius des Innkreises $r = \sqrt{R^2 - \left(\frac{s}{2}\right)^2},$

Länge einer Seite $s = 2 \cdot \sqrt{R^2 - r^2},$

Bogenhöhe über einer Seite $h = R - r,$

Umfang $U = n \cdot s,$

Flächeninhalt (n Dreiecke) $F = n \cdot \frac{s \cdot r}{2}.$

27. Der Kegel (Konus) (Abb. 17). Ein Kegel entsteht, wenn sich um einen Kreis eine gerade Linie so bewegt, daß sie ihn stets berührt und zugleich durch einen außerhalb des Kreises liegenden festen Punkt geht. Den Punkt nennt man die Spitze und die von der geraden Linie erzeugte Fläche die Mantelfläche des Kegels. Die Verbindungslinie der Spitze mit dem Mittelpunkt des Kreises ist die Achse des Kegels. Steht die Achse senkrecht auf dem Kreis, so nennt man den Kegel gerade; steht sie dagegen schief auf dem Kreis, so entsteht ein schiefer Kegel. Der senkrechte Abstand der Kegelspitze von der Grundfläche ist die Höhe des Kegels.

Schneidet man dem Kegel parallel zur Grundfläche die Spitze ab, so entsteht der Kegelstumpf. Die Schnittfigur ist ein Kreis.

Wird der Kegel schräg zu seiner kreisförmigen Grundfläche geschnitten, so entsteht als Schnittfigur eine Ellipse.

Schneidet man den Kegel parallel zu einer Mantellinie, so ergibt der Schnitt als Schnittfigur eine Parabel.

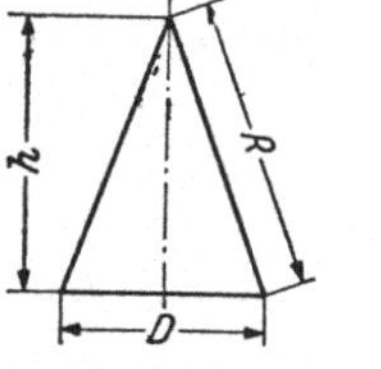

Abb. 17. Gerader Kegel

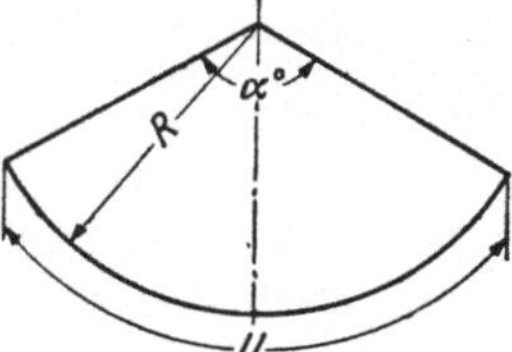

Abb. 18. Abgewickelter gerader Kegel

Wird der Kegel schräg zur kreisförmigen Grundfläche, aber nicht parallel zu einer Mantellinie geschnitten, so entsteht als Schnittfigur eine Hyperbel.

a) *Abwicklung des geraden Kegels* (Abb. 17 und 18). Die Abwicklung der Mantelfläche eines geraden Kegels ist ein Kreisausschnitt. Der Radius R ist gleich der Länge der Mantellinie und die Bogenlänge gleich dem Umfang U des Grundkreises, über welchem der Kegel errichtet ist. Meistens lassen sich die zur Abwicklung erforderlichen Werte zeichnerisch durch Aufriß bestimmen. Doch zum Verständnis ist es angebracht, auch die rechnerische Bestimmung zu beherrschen. Es gelten folgende Beziehungen für den Kegel und die Kegelabwicklung:

Radius der Abwicklung $R = \sqrt{\left(\frac{D}{2}\right)^2 + h^2}$ (Abb. 17),

Höhe des Kegels $h = \sqrt{R^2 - \left(\frac{D}{2}\right)^2}$ (Abb. 17),

Bogenlänge der Abwicklung $U = D \cdot \pi$,

Zentriwinkel der Abwicklung $\alpha^\circ = \frac{U}{2 \cdot R \cdot \pi} \cdot 360 = \frac{D \cdot \pi}{2 \cdot R \cdot \pi} \cdot 360 = \frac{D}{R} \cdot 180$.

b) *Abwicklung des geraden, abgestumpften Kegels* (Abb. 19 u. 20). Im Kessel-, Behälter- und Apparatebau wird die Mantelfläche eines abgestumpften Kegels allgemein mit Konus oder konischer Mantelschuß bezeichnet. Die Abwicklung der Mantelfläche ist ähnlich der des vollen Kegels, nur ergibt die Abwicklung des Kegelstumpfes einen Kreisringausschnitt. Wegen der gewöhnlich sehr geringen Kegelsteigung (Konizität) der Mantelschüsse, die durch den Unterschied der beiden Durchmesser D und d bestimmt ist, ist es bei der Abwicklung notwendig, mehrere Werte zu berechnen. Erforderlich sind dabei die folgenden Größen, deren Zweck und Gebrauch in den weiteren Abschnitten besprochen werden soll.

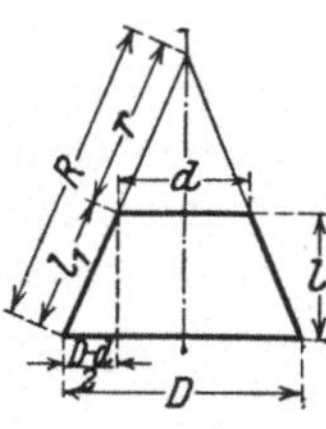

Abb. 19. Kegelstumpf oder kegeliger Mantelschuß

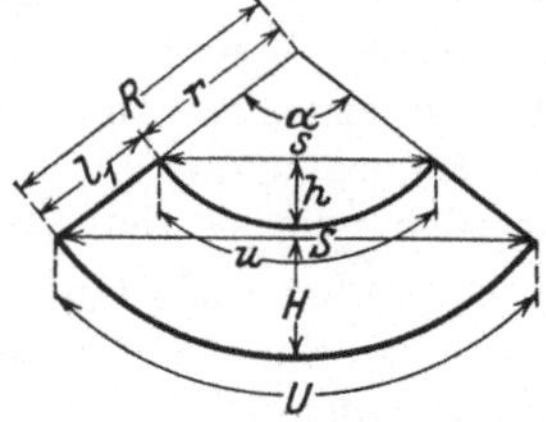

Abb. 20. Abgewickelter Kegelstumpf

Gegeben sind meistens die beiden Durchmesser D und d sowie das Längenstichmaß l des Kegelschusses oder die gerade Länge l_1 der Mantellinie des Kegelmantels. Es ergeben sich dann für die Abwicklung nach Abb. 19 u. 20 unter Entnahme der Grundzahlen Z_S und Z_H für Winkel α aus Tabelle 8 (S. 37) folgende Formeln:

Großer Umfang $U = D \cdot \pi$,

Kleiner Umfang $u = d \cdot \pi$,

Kegelschußlänge $l = \sqrt{l_1^2 - \left(\frac{D-d}{2}\right)^2}$ (Abschn. 24),

Mantellänge $l_1 = \sqrt{\left(\frac{D-d}{2}\right)^2 + l^2}$ (Abschn. 24),

Großer Radius $R = \frac{D \cdot l_1}{D - d}$, da $R : l_1 = D : D - d$,

Kleiner Radius $r = R - l_1$,

Winkel des Ringausschnittes $\alpha° = \frac{D}{R} \cdot 180$ (s. o. unter a),

Große Sehnenlänge $S = R \cdot Z_S$ (Z_S aus Tabelle 8),

Kleine Sehnenlänge $s = r \cdot Z_S$,

Große Bogenhöhe $H = R \cdot Z_H$ (Z_H aus Tabelle 8),

Kleine Bogenhöhe $h = r \cdot Z_H$.

Bei Kegeln mit geringer Steigung, also großen Radien R und r, ist der Unterschied der Umfänge U und u gering. Die Bogenlänge nähert sich in ihrer Größe der Sehnenlänge. Es genügt dann, wenn die Bogenhöhe H nach folgender Näherungsformel berechnet wird:

$$H = \frac{U \cdot (U - u)}{8 \cdot l_1}.$$

Oft sind D und d nur um die doppelte Blechstärke voneinander verschieden, wie z. B. bei kegeligen Kesselschüssen, dann kann man unbedenklich statt l_1 das Längenstichmaß l in diese Formel einsetzen (vgl. hierzu auch Abschn. 48 u. 49).

D. Die zeichnerische Grundlage

In Kessel-, Behälter- und Apparatebauwerkstätten kann beim Vorzeichnen nicht mit Reißschiene und Schiebedreiecken (Winkel) gearbeitet werden, denn es fehlt am Reißbrett und der genauen Führung für die Reißschiene. Auf dem Blech, das verarbeitet wird, werden die Konstruktionen mit Zirkel und Lineal, den wichtigsten Hilfsmitteln des Vorzeichners, gezeichnet. Die Konstruktionen, wie sie der Vorzeichner verwendet, haben ihre bewährte theoretische Grundlage, sind aber für die Werkstatt umgearbeitet. Ebenso ist es mit den Grundlagen der darstellenden Geometrie, deren Kenntnisse für einen Vorzeichner unerläßlich sind. Denn im Gegensatz zum Anreißen in Maschinenbauwerkstätten, wo der Anreißer die fertigen Körper in Form gegossener oder geschmiedeter Maschinenteile vor Augen hat, soll der Vorzeichner den Körper aus verschiedenen Teilen zusammenbringen und die einzelnen Teile in ihrer abgewickelten Form, d. h. auf geraden Blechen, vorzeichnen. Erst nach der Be- und Verarbeitung der einzelnen Teile entsteht der Körper in seiner vorgeschriebenen Gestalt.

Es sollen nun die zeichnerischen Grundlagen zum Vorzeichnen so behandelt werden, wie sie der Werkstatt angemessen sind.

28. Die gerade Linie. Jede Arbeit des Vorzeichners geht von der geraden Linie aus. Die Blechkanten sind aber für ausreichende Genauigkeit nicht gerade genug, um parallel dazu eine Linie zu ziehen. Es wird daher zweckmäßig eine gerade Linie als ideale Kante festgelegt, indem man an jeder der beiden Blechecken einen Punkt im gewünschten Abstand von der Blechkante bestimmt und die beiden Punkte dann mit dem Lineal durch eine gerade Linie verbindet.

Oft reicht das vorhandene Lineal nicht aus, um von Bleckecke zu Blechecke eine gerade Linie in einem Zuge zu ziehen. Man vermeide es aber, von der Blechkante den gewünschten Abstand in Absätzen zu messen und mit dem Lineal zu verbinden. Eine so gezogene Linie kann unmöglich gerade sein, auch wenn die Blechkante gerade erscheint. Ein Lineal soll auch gut auf dem Blech aufliegen, ohne daß zwischen Blech und Lineal ein Zwischenraum entsteht, damit ein Ausgleiten der Reißnadel vermieden wird.

Zum Ziehen von langen Linien mit kurzem Lineal verwendet man vorteilhaft eine feine Schnur. Die Schnur wird über das Blech gespannt, so daß sie es nicht berührt sondern 10···20 mm über der höchsten Blechwelle hinweggeht. Um das zu erreichen, werden an den Blechecken Holzkeile unter die Schnur gelegt. An den Enden der Schnur sind Gewichte befestigt, die über das Blech hinaushängen und die Schnur straff spannen. Von der Schnur, die natürlich dort gespannt wird, wo die gerade Linie liegen soll, werden nun, die Schnur als Anschlag benutzend, mit einem Winkel verschiedene Punkte in nicht weiterem Abstand als 1 m auf das Blech gelotet. Der Winkel soll nicht mehr als 100 mm Schenkellänge haben, um zu gewährleisten, daß die Punkte auch wirklich senkrecht gelotet sind. Sind genügend Punkte gelotet, kann die Schnur abgespannt werden. Die Punkte werden nun mit dem Lineal so verbunden, daß sich ständig drei Punkte an der Linealkante befinden. Dadurch werden etwaige Ungenauigkeiten, die durch das Loten entstanden sind, ausgeglichen. Beim Loten darf man die Schnur nicht mit dem Winkel beiseitedrücken; geschieht es doch, so erhält man natürlich keine gerade Linie.

29. Einteilen von Strecken. Eine bestimmte Strecke kann man grundsätzlich leicht in zwei oder mehr gleiche Teile teilen (Halbieren, Dritteln usw.). Handelt es sich um kurze Strecken und liegt das Blech gut gerade, so ist es möglich, mit dem Stangen- und Spitzzirkel zu arbeiten. Bei Strecken über 5000 mm Länge muß jedoch auch das Rollmaß mit zu Hilfe genommen werden, besonders bei Blechen, die nicht gerade, d. h. die auf den Böcken wellig liegen. Mit dem Rollmaß wird erst die ganze Strecke abgerollt, das gefundene Maß rechnerisch halbiert und dann von beiden Endpunkten nach der Mitte zu auf dem Blech abgerollt. Diese Maßnahme wird so oft wiederholt, bis es möglich ist, mit dem Zirkel weiter einzuteilen. Zur Vermeidung von Unstimmigkeiten versuche man es nie, mit dem Stangenzirkel über 2,5 m Länge zu gehen oder wellige Bleche mit dem Stangenzirkel zu halbieren usw. Während mit dem Rollmaß die Unebenheiten des Bleches sowie die Wellen beim Einteilen berücksichtigt werden, so daß genau gleiche Teilungen entstehen, greift der Stangenzirkel über die Unebenheiten hinweg. Beim Zusammenbau ergibt sich dann, daß die Teilungen nicht gleich sind nnd die Löcher mit dem zugehörenden Teil nicht passen wollen. Das Einteilen einer Strecke in eine bestimmte Anzahl gleicher Teile wird in der Werkstatt nun folgendermaßen durchgeführt:

Man halbiert die gegebene Strecke, halbiert eine der Teilstrecken, nochmals eine der neuen Teilstrecken usw. so lange, wie die verlangte Teilzahl das zuläßt. Dann drittelt man, wenn nötig, eine der letzten Teilstrecken und wiederholt das vielleicht, um schließlich, wenn die Teilzahl das verlangt, auch noch eine Teilstrecke in 5 oder gar mehr Teile zu teilen. Die letzte kleinste Teilstrecke trägt man dann auf jeder der größeren vorher erhaltenen Strecken ab. Wie oft man die gegebene Strecke halbieren, dann dritteln und vielleicht noch in mehr Teile teilen muß, das stellt man am einfachsten an der gegebenen Teilzahl an sich fest, indem man sie zunächst so oft wie möglich durch 2, dann durch 3 und schließlich noch durch 5 oder mehr teilt. Man nennt das bekanntlich: die Zahl in ihre (kleinsten) Faktoren zerlegen (s. Abschn. 18).

Teilzahlen, die sich nicht, oder zunächst nicht, in kleine Faktoren (2 oder 3) zerlegen lassen, kommen für Blechteilungen im allgemeinen nicht vor. Ist es ausnahmsweise doch mal der Fall, so daß man die ganze Strecke gleich in 5 oder 7 oder gar 11 Teile teilen müßte (z. B. bei der Teilzahl $55 = 5 \cdot 11$ oder $91 = 7 \cdot 13$), so wendet man, um das zu vermeiden, ein anderes Verfahren an: Man zieht zuerst von der Teilzahl 1 ab und teilt den Rest, der dann eine gerade Zahl sein muß, durch 2. Ist die dadurch erhaltene Zahl wieder nicht in kleine Faktoren zu zerlegen, so wiederholt man das Verfahren so oft, bis man genügend kleine Faktoren erhält.

Ist die Teilzahl z. B. 55, so zerlegt man:

$$55 = 1 + 54 = 1 + 2 \cdot 27 = 1 + 2\,(1 + 2 \cdot 13) = 1 + 2\,(1 + 2\,[1 + 2 \cdot 2 \cdot 3])\,.$$

Praktisch geht man nach Abb. 21 folgendermaßen vor:

Die gegebene Strecke wird rechnerisch durch 55 geteilt und ein Teil, der mit a bezeichnet sei, wird von der ganzen Strecke abgeschlagen. Die verkürzte Strecke wird dann mit dem Stangenzirkel halbiert. Von jeder Teilstrecke wird wieder ein Teil a (in der Abb. 21 mit a_1 bezeichnet) abgeschlagen und der Rest abermals halbiert. Mit den 4 erhaltenen Teilstrecken wird wieder ebenso verfahren (die jetzt abgeschlagenen Strecken sind in Abb. 21 mit a_2 bezeichnet). Eine der 8 Teilstrecken (in Abb. 21 mit b bezeichnet) wird nun halbiert und dann noch eine der Halbierten gedrittelt (in Abb. 21 nicht mehr ausgeführt). Zum Schluß wird die letzte kleinste Teilstrecke auf alle 8 Teilstrecken aufgetragen.

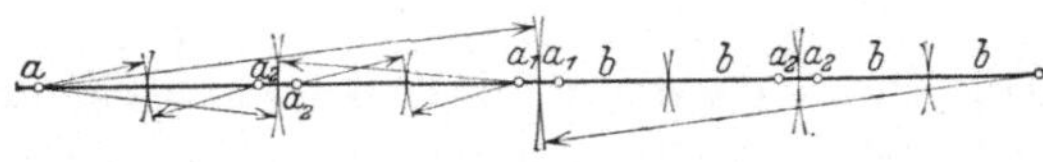

Abb. 21. Einteilen einer gegebenen Strecke

Um beim Einteilen mit dem Spitzzirkel Ungenauigkeiten zu vermeiden, dreht man den Zirkel abwechselnd einmal nach oben und einmal nach unten, so daß jede der beiden Zirkelspitzen einmal als Drehpunkt benutzt wird.

30. Zeichnen von Senkrechten. a) *Errichten einer Senkrechten am Endpunkt der Linie* (Abb. 22). Um zu vermeiden, daß ein Blech an allen 4 Seiten verschnitten werden muß, wird der Vorzeichner mit seiner Arbeit stets an einer Ecke der Blechtafel beginnen, die ihm winklig erscheint. Es ist ihm dadurch die Möglichkeit gegeben, das Blech nach allen Richtungen zu erfassen. Da der Anfangspunkt seiner Arbeit nahe an die Blechecke verlegt ist, muß er, um auf der Grundlinie L eine Senkrechte zu errichten, eine Konstruktion wählen, die es nicht erfordert, über die Begrenzungslinie des Bleches hinauszugehen. Zweckmäßig ist die folgende: Vom Punkt A, der durch einen Körner bezeichnet wird, werden nach dem Blech zu 2 gleiche Teile a aufgetragen, wodurch die Punkte B und B_1 entstehen, die auch gekörnt werden, um den Zirkel gut einsetzen zu können. Mit beliebiger Zirkelöffnung R schlägt man nun über B von A und B_1 Kreisbögen, die sich in C schneiden. Man achte darauf, daß Punkt C nahe der zu $A\,B\,B_1$ parallelen Blechkante liegt. Von C wird nun mit a ein Kreisbogen geschlagen nach Richtung A. Die Tangente von A an den Kreisbogen ergibt die gewünschte Senkrechte zur Linie L im Punkt A.

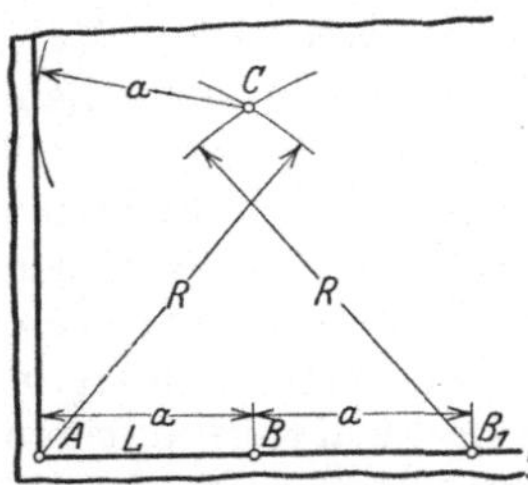

Abb. 22. Errichten einer Senkrechten am Endpunkt einer Linie bei begrenzter Fläche

b) *Von einem Punkt auf eine Gerade eine Senkrechte fällen* (Abb. 23). Auf die Linie L soll von einem außerhalb liegenden Punkt P eine Senkrechte gefällt werden. Man schlägt um Punkt P, der durch Körner bezeichnet wird, mit beliebigem Radius R einen Kreisbogen, der die Linie L in B und B_1 schneidet. Nachdem B und B_1 gekörnt sind, schlägt man mit $R' < R$ kurz über Linie L Kreisbögen, die sich in C schneiden. Die Gerade, die P und C verbindet, ergibt die Senkrechte auf Linie L.

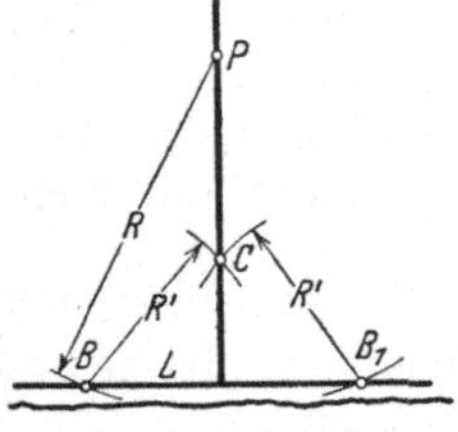

Abb. 23. Fällen einer Senkrechten von einem Punkt auf eine Linie

c) *Allgemeine Regeln.* 1. Eine Gerade ist in ihrem ganzen Verlaufe um so sicherer bestimmt, je weiter die 2 Punkte voneinander entfernt liegen, die sie festlegen.

2. Ein als Schnitt zweier Kreisbögen bestimmter Punkt dient um so sicherer zur Bestimmung einer Geraden, je mehr sich der Winkel, unter dem sich die Kreisbögen schneiden, einem Rechten nähert.

3. Eine Senkrechte steht um so sicherer auf einer Waagerechten, je mehr Schnittpunkte, durch Kreisbögen bestimmt, die Senkrechte festlegen.

31. Zeichnen u. Teilen von Winkeln. In der Werkstatt kann der Vorzeichner mit einem Winkelmesser (Transporteur) die Winkel nicht einwandfrei festlegen, denn es handelt sich gewöhnlich um Winkel mit großen Schenkellängen, für die ein derartig großer Winkelmesser notwendig wäre, wie er in den seltensten Fällen zur Verfügung steht. Die Unkenntnis, wie Winkel ohne Winkelmesser zu konstruieren sind, verleitet jedoch dazu, mit einem kleinen Winkelmesser zu arbeiten und die Schenkel mit dem Lineal zu verlängern. Es ist falsch, zu glauben, daß ein derartig aufgerissener Winkel richtig sei. Er ist es nicht, denn eine für das Auge unmerkliche Ungenauigkeit auf der Länge von 100 mm wird sich bei einer Länge von 1000 mm schon unliebsam bemerkbar machen.

a) *Winkel von 90° und 60°.* Winkel von 90° entstehen, sobald man auf einer Geraden eine Senkrechte errichtet. Es wird also niemand einen rechten Winkel mit dem Winkelmesser auftragen, weil die geometrische Konstruktion eine weit größere Genauigkeit ergibt. Auch der Winkel von 60° ist ohne große Schwierigkeit zu konstruieren: Der Radius eines Kreises läßt sich 6mal als Sehne auf dem Kreis abtragen; der Kreis wird dadurch in 6 gleiche Bogenlängen geteilt, deren jede 360 : 6 = 60 Bogengrad hat. Damit hat man einen Winkel von 60° gewonnen, dessen Scheitelpunkt der Mittelpunkt des Kreises ist. 2 Winkel von 60° geben einen von 120°, 3 einen von 180° usw.

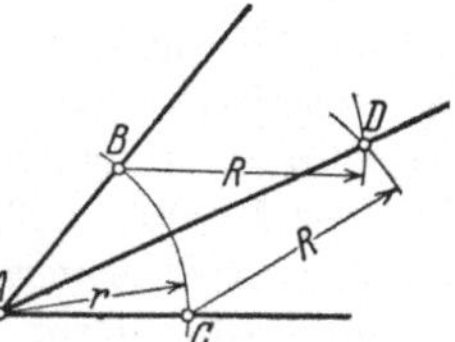

Abb. 24. Halbieren eines Winkels

b) *Winkel halbieren* (Abb. 24). Zu den häufigsten Arbeiten in der Werkstatt gehört das Halbieren von Winkeln, die sich im Laufe der Arbeit ergeben. Die Winkel lassen sich nicht in der Weise teilen, wie die geraden Linien; man verfährt am zweckmäßigsten folgendermaßen: Vom Scheitelpunkt A schlägt man mit einem beliebigen Radius einen Kreisbogen, der die beiden Schenkel in B und C schneidet. Die Punkte B und C werden durch Körner bezeichnet und von B und C, ebenfalls mit beliebigem Radius, aber möglichst weit vom Punkt A entfernt, Kreisbögen geschlagen, die sich in D schneiden. Durch Verbindung der Punkte A und D entsteht die Halbierungslinie des Winkels.

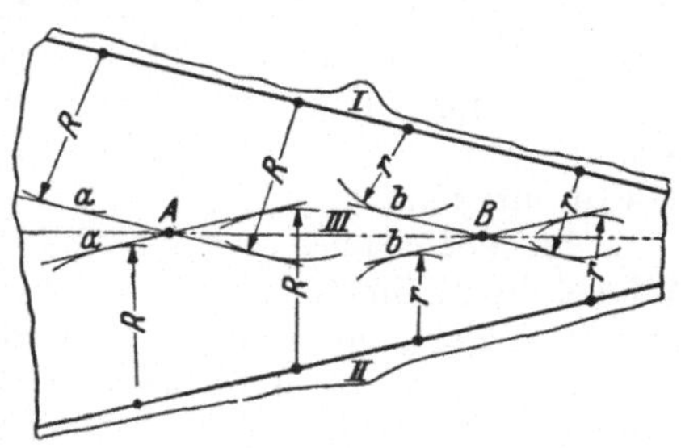

Abb. 25. Halbieren eines gegebenen Winkels ohne zugänglichen Scheitelpunkt

Nicht so einfach wie vorstehende Konstruktion ist das Halbieren eines Winkels, dessen Scheitelpunkt nicht gegeben und durch die Begrenzung des Bleches auch nicht erreichbar ist. Dieser Fall erscheint meistens beim Vorzeichnen von Werkstücken mit großen Abmessungen. Die Konstruktion nach Abb. 25 führt in solchen Fällen am sichersten zum Ziele. Linien I und II sind die Schenkel des zu halbierenden Winkels.

Zu den Schenkeln I und II werden im Abstand R bzw. r, wie in der Abbildung dargestellt, je zwei Parallelen a und b gelegt. Wo sich die zusammengehörigen Parallelen schneiden, entstehen die Schnittpunkte A und B. Werden diese Schnittpunkte durch eine gerade Linie verbunden, so ergibt sich die gewünschte Halbierungslinie III.

c) *Winkel in beliebige Teile teilen* (Abb. 26). Wie schon angeführt, lassen sich Winkel nicht in der Weise teilen wie gerade Linien. Winkel werden eingeteilt, indem man vom Scheitelpunkt A einen beliebigen Kreisbogen schlägt, der die

Schenkel in B und C schneidet. Der so geschlagene Kreisbogen wird nun zwischen B und C durch Probieren mit dem Zirkel in so viel Teile geteilt, wie gewünscht werden. Die Teilungspunkte auf dem Kreisbogen werden mit dem Scheitelpunkt A durch gerade Linien verbunden, wodurch dann die gewünschte Winkelteilung erfolgt ist.

Es möge hier nochmals darauf hingewiesen werden, daß man bei jeder Konstruktion alle Punkte, von denen mit dem Zirkel Kreisbögen geschlagen werden, stets durch Körner festlegen muß, um ein Ausgleiten des Zirkels zu verhüten.

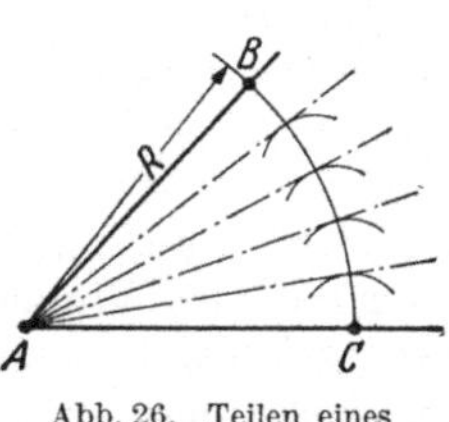

Abb. 26. Teilen eines gegebenen Winkels in beliebige Teile

d) *Beliebige Winkel auftragen.* Oft muß der Vorzeichner irgendeinen Winkel auftragen oder einen vorhandenen genau nach Graden und Minuten messen. Das kann ohne Winkelmesser, oft sogar mit weit größerer Genauigkeit als mit dem Winkelmesser, in folgender Weise ausgeführt werden:

Ein Grad ist der 360. Teil eines Kreises. Wird nun ein Kreis geschlagen, dessen Umfang genau 360 mm ist, so ist offenbar 1 mm des Umfanges gleich einem Bogengrad des Kreises, 2 mm gleich 2°, 15 mm gleich 15° usw., und man erhält Winkel von gleichen Größen, wenn man die Endpunkte der aufgetragenen Strecken mit dem Mittelpunkt des Kreises verbindet, der damit der Scheitelpunkt der Winkel wird. Einen Kreis von 360 mm Umfang erhält man mit einem Radius von 57,32 mm, da $2 \cdot 57{,}32 \cdot \pi = 114{,}64 \cdot \pi = 360$ ist. Da der Radius 57,32 mm für die Werkstatt zu klein ist, um genaue Winkel festzulegen, wird er vergrößert, indem man ihn z. B. mit 10 malnimmt, so daß anstatt 1 mm dann 10 mm 1° messen. Die jeweilige Anzahl Millimeter wird auf dem Kreisbogen mit dem Rollmaß entlanggerollt, nicht etwa mit dem Zirkel als Sehne abgestochen.

Soll ein Winkel mit einer bestimmten Anzahl von Minuten genau und doch bequem aufgezeichnet werden, so macht man den Kreisumfang so groß, daß die gegebene Anzahl Minuten durch eine Anzahl *ganzer* Millimeter dargestellt wird. Soll z. B. der Winkel 63° 15′ auf Minuten genau aufgetragen werden, so wählt man den Kreis so, daß $1° = 20$ mm ist, also $15' = \frac{1}{4}° = \frac{20}{4} = 5$ mm. Im ganzen sind dann für 63° 15′ auf dem Kreis 1265 mm abzurollen. Solcher Kreis wird erhalten, wenn man den Radius 57,32 statt mit 10 mit 20 multipliziert, also 1146,4 mm nimmt.

Beim Vorzeichnen von Stutzen auf Kesselmänteln ist vorstehende Art, den Winkel in Millimetern abzumessen, ein vorteilhaftes Hilfsmittel. Sonst ist es schwer möglich, die Grade einwandfrei zu messen, um die ein Stutzen vom vorderen Lotriß oder aus der Kesselmitte versetzt ist, wenn es sich nicht etwa um einen Winkel handelt, der durch einfache Konstruktion mit dem Zirkel gefunden werden kann. Um alle zeitraubenden Rechnungen zu vermeiden, verfährt man wie folgt: Der Umfang des Kesselmantels, auf dem der Stutzen steht, wird gemessen und durch 360 geteilt. Die sich ergebende Zahl ist dann $= 1°$. Multipliziert man sie mit der Anzahl der gewünschten Grade, so erhält man die Anzahl Millimeter, die man auf dem Kesselmantel abrollen muß, um die Stelle für den Stutzen zu finden.

32. Bogenkonstruktionen. Soweit möglich, d. h. wenn der Halbmesser eines Kreisbogens nicht zu groß ist, werden die Bögen mit dem Zirkel geschlagen. Um den regelmäßigen Verlauf eines Kreisbogens gewährleisten zu können, sollen jedoch Bögen über 3000 mm Radius niemals mit dem Zirkel geschlagen werden, denn die Latte des Stangenzirkels würde sich zu stark durchbiegen. Bei großen Radien müssen die Bögen konstruiert werden. Zuerst sollen die 2 Hauptfälle besprochen werden, die des öfteren eine Bogenkonstruktion verlangen.

a) *Sehne und Radius sind gegeben* (Abb. 27). Mit dem gegebenen Radius R — falls er nicht zu groß ist — schlägt man von den Endpunkten A und B der Sehne zwei Kreisbögen. Wo sich die Kreisbögen schneiden, ist der Mittelpunkt M des gewünschten Kreisbogens. Nun schlägt man von diesem Schnittpunkt M mit dem gegebenen Halbmesser den gewünschten Kreisbogen über die Sehne.

b) *Sehne und Bogenhöhe sind gegeben* (Abb. 28). Auf der Mitte der Sehne S wird eine Senkrechte errichtet und die gegebene Bogenhöhe h darauf abgetragen. Vom Endpunkt der Bogenhöhe A und den Endpunkten B der Sehne werden nun Kreisbögen oberhalb und unterhalb der Sehne geschlagen, die sich in C und D schneiden. Verbindet man die Schnittpunkte der Kreisbögen C—C und D—D durch gerade Linien und verlängert diese, bis sie sich schneiden, so ist ihr Schnittpunkt M der Einsatzpunkt für den Zirkel.

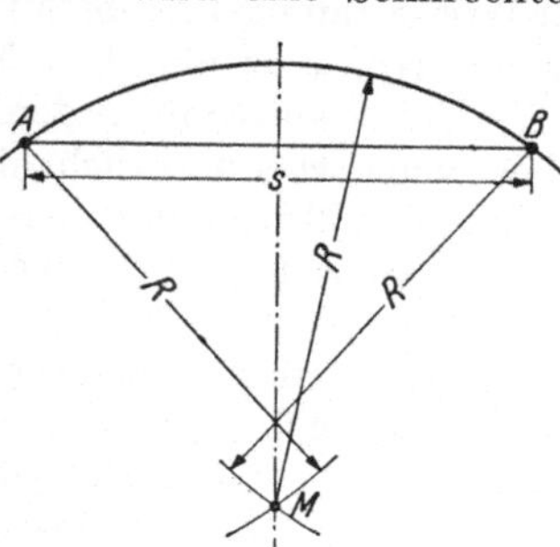

Abb. 27. Feststellen des Mittelpunktes für einen Kreisbogen, dessen Radius und Sehne gegeben sind

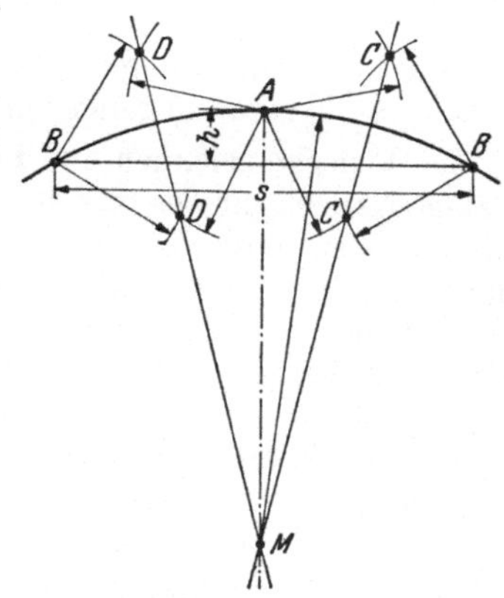

Abb. 28. Feststellen des Mittelpunktes für einen Kreisbogen, dessen Sehne und Bogenhöhe gegeben sind

c) *Bogenkonstruktion ohne Zirkel* (Abb. 29). Bei der Abwicklung von schlanken Kegelstümpfen, beispielsweise kegeligen Kessel- und Flammrohrschüssen, ergeben sich meistens sehr flache Kreisbögen mit großem Halbmesser (oft über 10 000 mm), so daß es nicht möglich ist, sie mit dem Zirkel vorzuzeichnen. Sie müssen vielmehr konstruiert werden, nachdem vorher Bogenhöhe und Sehnenlänge berechnet worden sind. Die Bogenkonstruktion nach Abb. 29 ist für die Praxis des Vorzeichners, bei begrenzter Fläche, am vorteilhaftesten. Zur besseren Übersicht ist in der Abb. 29 eine große Bogenhöhe gewählt worden.

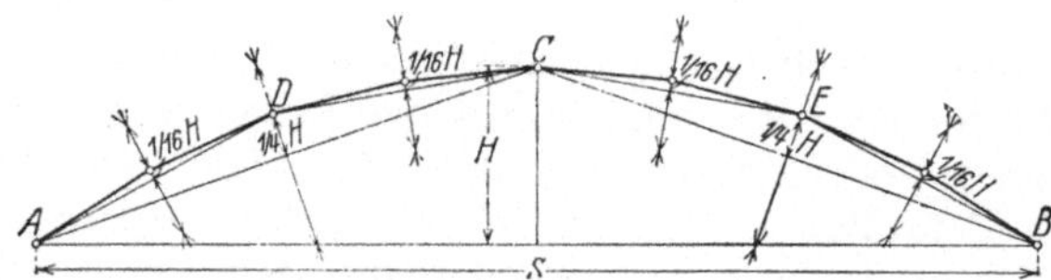

Abb. 29. Konstruktion eines Kreisbogens ohne Zirkel, wenn Sehne und Bogenhöhe gegeben sind

Nachdem die Sehne gezogen und ihre Endpunkte A und B festgelegt sind, wird auf der Mitte der Sehne eine Senkrechte errichtet und darauf die berechnete Bogenhöhe abgetragen bis zum Punkt C. Von C werden nach A und B gerade Linien gezogen und in deren Mitte ebenfalls Senkrechte errichtet. Auf diesen so konstruierten Mittelloten wird dann $\frac{1}{4}$ der Bogenhöhe abgetragen, wodurch die Punkte D und E entstehen. Nun werden die Punkte A mit D, D mit C, C mit E und E mit B durch gerade Linien verbunden, auf diese 4 Geraden wird wieder je ein Mittellot gesetzt und auf diesen Loten $^1/_{16}$ der Bogenhöhe abgetragen, also $\frac{1}{4}$ der vorhergehenden. Verbindet man jeden Endpunkt mit den nächstliegenden Eckpunkten, so erhält man einen Bogen, der sich aus 8 Geraden zusammensetzt.

Auf jeder dieser Geraden errichtet man wieder das Mittellot und trägt darauf $^1/_{64}$ der Bogenhöhe ab und verfährt wie oben und setzt das Verfahren so lange fort, bis das letzte aufzutragende Maß weniger als 1 mm ist. Für die Praxis ist dann der Genauigkeitsgrad des Kreisbogens völlig ausreichend.

Für die Bogenkonstruktion und für die jeweilig aufzutragenden Maße erhalten wir nach Abb. 29 folgendes Zahlenschema, wenn wir die Bogenhöhe H mit 312 mm annehmen:

$$\frac{1}{4}\frac{H}{} = \frac{312}{4} = 78; \quad \frac{1}{16}\frac{H}{} = \frac{78}{4} = 19{,}5; \quad \frac{1}{64}\frac{H}{} = \frac{19{,}5}{4} = 4{,}87; \quad \frac{1}{256}\frac{H}{} = \frac{4{,}87}{4} = 1{,}2; \text{ usw.}$$

Wie aus dem Schema ersichtlich ist, wird für jeden weiteren Bogenpunkt stets $\frac{1}{4}$ vom vorausgegangenen Maß abgetragen.

33. Vielecke zeichnen und Lochkreise einteilen (Abb. 30). Fast für jedes regelmäßige Vieleck gibt es eine besondere Konstruktion, die allerdings immer nur für das eine bestimmte Vieleck gilt. Der Vorzeichner müßte demnach für jedes Vieleck eine besondere Konstruktion beherrschen, was natürlich nicht zur Erleichterung seiner Arbeit beitrüge, abgesehen davon, daß bei den vielen Konstruktionen leicht manche in Vergessenheit geriete. Eine Konstruktion für alle möglichen Vielecke ist die folgende:

Ist der Umkreis gelegt, so zeichnet man in ihn einen senkrechten Durchmesser $A\ B$ ein, der in so viele gleiche Teile eingeteilt wird, wie das Vieleck Ecken haben soll. Dann schlägt man um A und B mit dem Durchmesser des Kreises Kreisbögen, die sich in den Punkten C und D schneiden. Nun zieht man von C und D durch jeden zweiten Teilpunkt auf dem Durchmesser gerade Linien bis zum Umkreis. Wo diese Linien den entgegengesetzten Halbkreis schneiden, entstehen dann die Eckpunkte des gewünschten Vielecks.

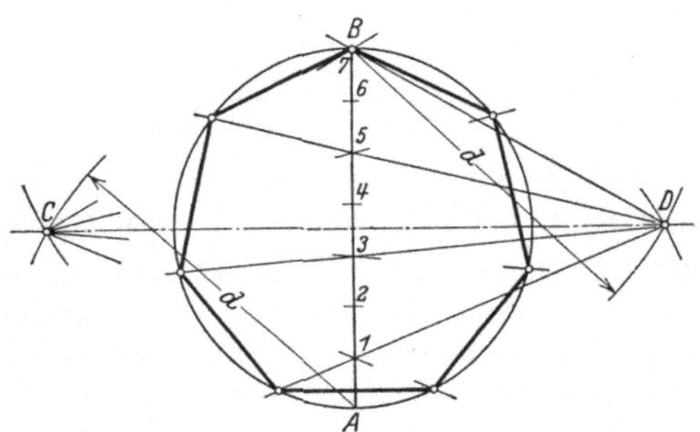

Abb. 30. Konstruktion eines Vielecks

Ist nicht der Umkreis, sondern der Innkreis gegeben, so verfährt man genau ebenso, zieht aber in den Teilpunkten des Vielecks außen an den Kreis Tangenten. Je nachdem wo die Ecken des Vielecks liegen sollen, werden die geraden oder ungeraden Teilpunkte auf dem Durchmesser übersprungen.

Beim Bau von großen Behältern, Dachgesparren, Tankdächern usw. werden derartig *große Vielecke* verwendet, daß es nicht möglich ist, sie zu konstruieren. Es müssen Seitenlängen und Durchmesser vom Umkreis oder Innkreis durch Rechnung festgestellt werden. Dann gelten die im Abschn. 26 angegebenen Beziehungen.

Zur vereinfachten Bestimmung der Seitenlänge eines Vielecks oder der Sehnenlänge für die Lochteilung eines Flansches dient die Tabelle 4. Bezeichnet man die Seiten- bzw. Sehnenlänge mit S, den Radius des Umkreises bzw. des Lochkreises mit R und die Anzahl der Seiten oder Ecken des Vielecks bzw. der Löcher des Lochkreises mit n, so gilt zur Anwendung der Tabelle 4 die Formel

$$S = R \cdot \text{Grundzahl für } n\ .$$

Beispiel 1: Ein Dachgesparr hat 16 Spanten, die durch Winkeleisenstreben verbunden sind, der Durchmesser des Umkreises beträgt 8000 mm. Wie lang sind die Streben?

Da aus Tabelle 4 für $n = 16$ die Grundzahl 0,3902 ist, wird nach der obigen Formel für $R = 8000/2 = 4000$ mm die Seitenlänge $S = 4000 \cdot 0{,}3902 = 1560{,}8$ mm, d. h. die Winkelstrebe muß auf 1560 mm Länge geschnitten werden.

Beispiel 2: Auf dem Flansch eines Winkelringes sollen 34 Schraubenlöcher vorgezeichnet werden. Der Lochkreis hat 1680 mm Durchmesser.

Hier ist $R = 1680/2 = 840$ mm und für $n = 34$ die Grundzahl $= 0{,}1846$, folglich $S = 840 \cdot 0{,}1846 = 155$ mm, d. h. die zum Zwischenteilen in den Zirkel aufzunehmende Sehne ist 155 mm.

Tabelle 4. *Grundzahlen für Vieleckseiten und Sehnenlängen bei Kreisteilungen.*
n = *Anzahl der Seiten, Ecken oder Löcher*

n	Grundzahl	n	Grundzahl	n	Grundzahl	n	Grundzahl	n	Grundzahl
3	1,7321	26	0,2411	49	0,1282	72	0,0872	95	0,0661
4	1,4142	27	0,2321	50	0,1256	73	0,0860	96	0,0656
5	1,1755	28	0,2240	51	0,1231	74	0,0848	97	0,0648
6	1,0000	29	0,2162	52	0,1207	75	0,0837	98	0,0641
7	0,8678	30	0,2091	53	0,1184	76	0,0827	99	0,0635
8	0,7654	31	0,2023	54	0,1164	77	0,0816	100	0,0628
9	0,6840	32	0,1961	55	0,1143	78	0,0806	101	0,0621
10	0,6180	33	0,1901	56	0,1122	79	0,0795	102	0,0616
11	0,5635	34	0,1846	57	0,1103	80	0,0785	103	0,0611
12	0,5176	35	0,1793	58	0,1084	81	0,0775	104	0,0604
13	0,4786	36	0,1743	59	0,1064	82	0,0766	105	0,0599
14	0,4450	37	0,1697	60	0,1047	83	0,0757	106	0,0594
15	0,4158	38	0,1652	61	0,1030	84	0,0748	107	0,0587
16	0,3902	39	0,1609	62	0,1014	85	0,0740	108	0,0581
17	0,3676	40	0,1569	63	0,0996	86	0,0731	109	0,0576
18	0,3473	41	0,1531	64	0,0982	87	0,0722	110	0,0571
19	0,3292	42	0,1494	65	0,0967	88	0,0714	111	0,0566
20	0,3129	43	0,1459	66	0,0951	89	0,0705	112	0,0561
21	0,2980	44	0,1426	67	0,0937	90	0,0698	113	0,0557
22	0,2845	45	0,1395	68	0,0923	91	0,0691	114	0,0552
23	0,2723	46	0,1365	69	0,0911	92	0,0684	115	0,0544
24	0,2611	47	0,1336	70	0,0897	93	0,0675	116	0,0541
25	0,2507	48	0,1308	71	0,0884	94	0,0668	117	0,0537

34. Drosselklappe. Schneidet man einen zylindrischen Körper senkrecht zu seiner Achse, so ergibt sich als Schnittfigur ein Kreis, dessen Mittelpunkt in der Achse liegt. Wird der Körper schräg zu seiner Achse geschnitten, so ergibt sich aus der Kreisfläche eine lange, gestreckte, gewissermaßen in die Länge gezogene Figur, die, ebenso wie der Kreis, eine geschlossene Kurve bildet. Diese Kurve heißt *Ellipse*. Zum Drosseln von Wind- und Rauchleitungen werden ellipsenförmige Bleche verwandt, die es ermöglichen, das Leitungsrohr gut abzuschließen. Eine Drosselklappe bewegt sich im Innern des Rohres und liegt schräg zur Achse; sie muß daher so vorgezeichnet werden, daß der lichte Durchmesser des Rohres die kurze Achse und die schräge Länge der Klappe die lange Achse der Ellipse wird. Die Drosselklappe für Abb. 31 wird nach Abb. 32 gezeichnet: Mit der halben langen und der halben kurzen Achse als Radius schlägt man um den Mittelpunkt M je einen Kreis. In diese beiden Kreise werden die Mittellinien gelegt, wodurch die Punkte A, B, C, D als Schnittpunkte entstehen. Den großen Kreis teilt man nunmehr in gleiche Teile und verbindet die Teilpunkte mit dem Mittelpunkt M durch gerade Linien, die auf dem kleinen Kreis Teilpunkte anschneiden. Nun

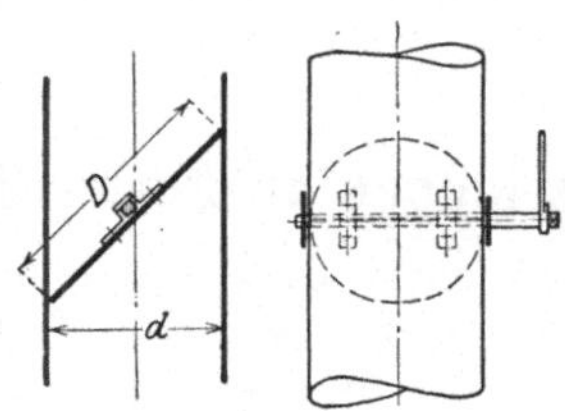

Abb. 31. Drosselklappe

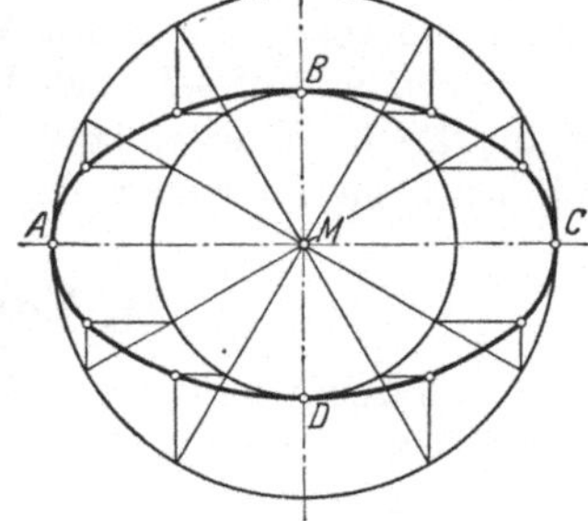

Abb. 32. Konstruktion einer Ellipse

werden von diesen Teilpunkten waagerechte Linien parallel zur langen Achse und von den Teilpunkten auf dem großen Kreis senkrechte Linien parallel zur kurzen Achse gelegt. Die Schnittpunkte dieser senkrechten und waagerechten Linien ergeben je einen weiteren Punkt der Ellipse. Sie werden durch Kurvenlineal miteinander verbunden, wobei mindestens 3 bis 4 Punkte am Lineal liegen müssen.

35. Mannloch. Einsteigöffnungen bei Kesseln und Behältern mit hohem Betriebsdruck dürfen nur so groß ausgeführt werden, daß gerade ein Mann hindurchkriechen kann, damit der Mantel nicht zu sehr geschwächt wird. Sie erhalten *ungefähr* die Form einer Ellipse und müssen, ebenfalls aus Festigkeitsgründen, mit ihrer großen Achse senkrecht zur Kesselachse angeordnet werden. Der Deckel liegt im Innern, so daß er durch den inneren Druck von selbst dicht gehalten wird. Durch die eiförmige (ovale) Öffnung kann man den Deckel, der größer ist als der Ausschnitt, von außen einführen. Zum Vorzeichnen eines solchen Ausschnittes würde die Konstruktion Abb. 32 zu umständlich sein, da es auf genauen Verlauf der Kurve nicht ankommt. Das Verfahren Abb. 33 ergibt eine brauchbare ellipsenähnliche Kurve, die aus Kreisbögen besteht.

Nachdem ein rechtwinkliges Kreuz mit dem Mittelpunkt M gelegt ist, werden darauf von der Mitte aus die Abmessungen des Mannlochs abgetragen: Punkte A, B, C, D. Punkte A und B werden durch eine Gerade verbunden. Der Längenunterschied a der halben langen und halben kurzen Achse wird von Punkt B auf Linie AB abgetragen bis E und auf der Strecke $A E$ ein Mittellot errichtet, das die lange Achse in b und die kurze Achse oder ihre Verlängerung in c schneidet. Von Punkt M werden die Punkte b und c auch auf die andere Seite der Achsen übertragen und diese 4 Punkte dann hintereinander verbunden. b und c sind die Mittelpunkte für die Kreisbögen, aus denen die Kurve besteht. Als Radius für den Kreisbogen um b dient die Länge $A b$, für den Boden um c die Länge $B c$. Die Kreisbögen laufen auf den Verlängerungen der Linien $c b$ genau ineinander und bilden ein Oval, wie es für Mannlöcher vollauf genügt.

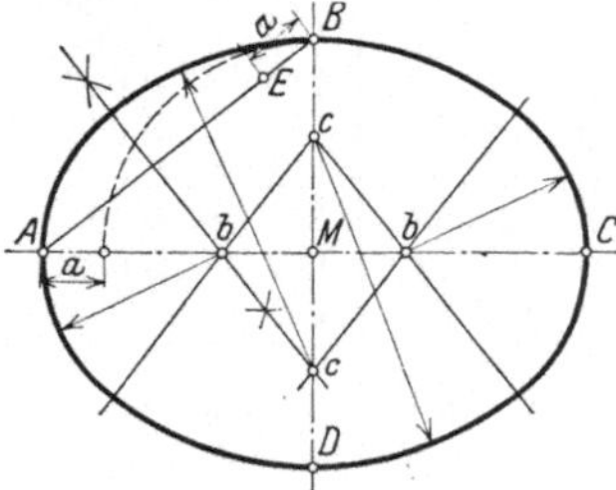

Abb. 33. Konstruktion eines Mannloches

Jedoch darauf sei noch besonders aufmerksam gemacht: diese Konstruktion ergibt für eine Drosselklappe *keine* einwandfreie Form; sie würde sich beim Einbau mißlich bemerkbar machen.

III. Vorzeichnen an Formstücken

In Maschinenbauwerkstätten steht dem Anreißer zur Erleichterung seiner Arbeit eine Anreißplatte zur Verfügung, auf der die Guß- und Schmiedestücke angerissen werden. Die nötigen Risse und Bezeichnungen für die Bearbeitung der Werkstücke lassen sich auf der Anreißplatte bequem herstellen. Im Kessel- und Apparatebau findet man in den seltensten Fällen eine Anreißplatte. Da die Platte auch den Abmessungen sehr großer Formstücke genügen müßte, wäre sie so teuer, daß ihr Preis nicht im vernünftigen Verhältnis zu den vielleicht erzielten Ersparnissen an Zeit und Arbeit stünde; denn es sind immer nur wenige Arbeiten, die der Vorzeichner auf der Platte ausführen könnte. Für kleinere Guß- oder Schmiedestücke, bei denen sich die Benutzung der Anreißplatte als notwendig erweist, benutzt der Vorzeichner eine aus Abfall selbstgefertigte Ersatzplatte, die meistens aus einer runden Scheibe von ungefähr 1000 mm Durchmesser und 25···30 mm Stärke besteht, und die auf einer Seite gerade gedreht ist. Die Platte wird auf einen

Fuß aufgelegt und nach Gebrauch wieder beiseite gestellt. Wohl erscheint eine solche Platte sehr primitiv, aber da sie selten gebraucht wird, genügt sie vollkommen und stellt ein wichtiges Hilfsmittel dar.

36. Flache Böden. Läßt der Durchmesser der flachen Böden auf der Ersatzplatte noch genügend Raum für die Führung des Parallelreißers, so werden die Böden mit der Bordkante nach oben auf die Reißplatte aufgelegt und mit dem Parallelreißer die erforderlichen Nietriß- und Abschnittlinien angerissen (Abb. 34).

Reicht die Reißplatte nicht mehr aus, so wird über den flachen Boden ein Lineal gelegt, und ringsherum auf dem Bordumfang werden in Abständen von 200···300 mm Punkte von oben mit gleichem Maß herabgemessen (Abb. 35). Diese

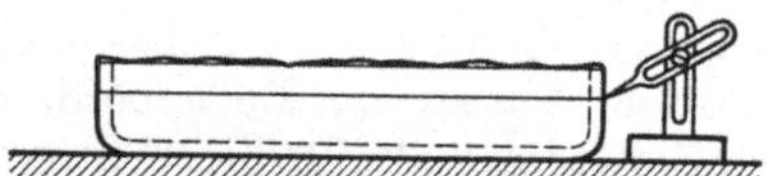

Abb. 34. Vorzeichnen flacher Böden auf Anreißplatte

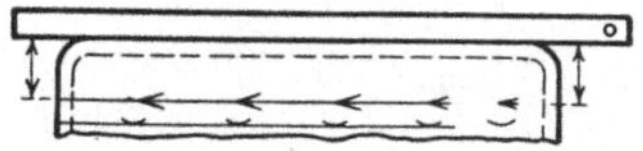

Abb. 35. Vorzeichnen flacher Böden mit Lineal

Punkte werden dann an einem Federlineal durch Risse mit der Reißnadel verbunden, wodurch die Nietrißlinie parallel zur geraden Fläche der Böden entsteht. In dem der Nietung entsprechenden Abstand der Überlappung wird dann die Abschnittlinie parallel zur Nietrißlinie gelegt. Der Abstand der Nietrißlinie von der geraden Fläche der Böden muß so bemessen sein, daß der sich um den Bord der Böden legende Mantel mit seiner Stemmkante niemals über die Eckenkrümmung hinausgeht. Die Stemmkante des Mantels läßt sich nur dann einwandfrei dichten, wenn sie mindestens 5 mm vom Anfang der Krümmung entfernt noch im zylindrischen Teil liegt. Es wird dadurch erreicht, daß sich der Mantel eng um den Boden legt und keine Anrichtarbeiten bedingt.

37. Gewölbte Böden (Abb. 36). Nicht so einfach ist das Legen der Nietrißlinien am Bord gewölbter Böden. Der oft ungleiche Bord erfordert das Legen einer zur Kugelwölbung parallelen Linie, auf der die Nietteilung aufgetragen wird.

Der gewölbte Boden wird mit der Kugelwölbung nach unten aufgelegt. Mit dem Stangenzirkel wird die Mitte im Innern festgestellt. Die innere Höhe wird gemessen, indem man über die Bordkante ein starkes Lineal legt und den lichten Abstand in der Mitte mißt. Zu dieser inneren Höhe muß man, um die äußere Höhe a zu erhalten, die Bodenstärke hinzu addieren. Nach Feststellung der Wölbungshöhe des Bodens wird das gewünschte Stichmaß b, d. h. die Höhe des Bodens von der Nietrißlinie bis zur Wölbungshöhe, auf den Bord abgetragen. Zu diesem Zwecke wird Maß a am Lineal angehalten und Maß b auf den Bord übertragen. Der so festgestellte Punkt P ist der erste Punkt der Nietrißlinie, die parallel zur Kugelwölbung liegen soll. Es müssen nun auf dem ganzen Umfang des Bodens weitere Punkte der Nietrißlinie bestimmt werden. Dazu legt man im Innern des Bodens um den Mittelpunkt, möglichst nahe der Bordkante, einen beliebigen Kreis mit Radius R und mißt seine Entfernung c vom Lineal. Maß c wird dann vom Lineal herab außen am Bord angehalten und bei Punkt P Maß d festgestellt. In Abständen von je 200···300 mm können nun weitere Punkte der Nietrißlinie festgelegt werden, indem ständig Maß c innen gemessen, außen angehalten und von seinem unteren Ende an Maß d abgenommen wird. Der bei $c - d = e$ zu markierende Punkt ist immer ein Punkt der Nietrißlinie. Maß c wird sich ständig ändern, und die Unebenheiten der Bordkante wird Maß e aufnehmen, während

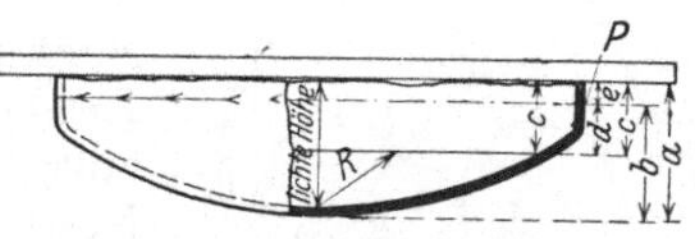

Abb. 36. Vorzeichnen gewölbter Böden mit Lineal

Maß d immer seine anfangs festgestellte Größe behält. Durch dieses Vorgehen läuft die Nietrißlinie parallel zur Kugelwölbung des Bodens, nachdem die Punkte mittels Federlineal und Reißnadel verbunden sind.

38. Einflammrohrkesselböden (Abb. 37). Die Nietrißlinien am *Bodenbord* für die Vernietung mit dem Mantel und am *Lochbord* für die Vernietung der Böden mit dem Flammrohr bei Einflammrohrböden werden parallel zur gedrehten Kante angerissen. Es ist nur darauf zu achten, daß beide Nietrißlinien, am Bodenbord und am Lochbord, genau parallel laufen, um zu verhindern, daß das Flammrohr später schief zur Kesselachse sitzt. Die Nietrißlinien können einfach und leicht mit dem Streichmaß gelegt werden. Zum Einteilen der Nietlöcher ist es erforderlich, die senkrechte Achse des Bodens festzustellen, mit dem Punkt am Bodenbord, der als Anfangspunkt der Nietteilung gilt. Zu diesem Zwecke wird im Flammrohrloch ein Holzbrett eingepaßt und darauf die Mitte M des Bodens (Kesselachse) sowie die Mitte M_1 des Rohrloches (Flammrohrachse) festgestellt. Durch diese beiden Mittelpunkte wird eine gerade Linie gelegt bis zum Umfang des Bodenbordes. Die Mittelpunkte sind gewöhnlich nicht weit voneinander entfernt, so daß sich durch Anhalten eines Lineals keine einwandfreie gerade Linie legen läßt. Besser werden deshalb von der Flammrohrmitte M_1 mit Stangenzirkel auf der Wandstärke am Bodenbord Kreisbögen geschlagen und von deren Schnittpunkten A und B wieder 2 gleiche Kreisbögen, die sich auf der Wandstärke am Bodenbord in C schneiden. Der Punkt C liegt dann genau auf der Verlängerung einer geraden Linie durch M und M_1. Aus der Zeichnung wird nun entnommen, wieviel Millimeter das Flammrohr aus der senkrechten Achse des Kessels nach links oder rechts versetzt werden soll (Maß b). Dann werden aus M_1 mit dem Maß $2b$ und aus M mit der Entfernung $M M_1$ Kreisbögen geschlagen, und durch ihren Schnittpunkt und M wird eine Gerade gelegt, die den Bodenbord in D schneidet. Zwischen C und D wird auf der Bodenstärke die Mitte E durch Kreisbögen festgelegt. E ist dann der Punkt am Boden, der senkrecht über der waagerechten Kessel- und Flammrohrachse liegt. Das Maß a, das angibt, wieviel Millimeter die Flammrohrachse unter der Kesselachse liegt, ist zu kontrollieren, die Wasserstandshöhe im Kessel festzustellen und die niedrigste Wasserstandsmarke hiernach vorzuzeichnen.

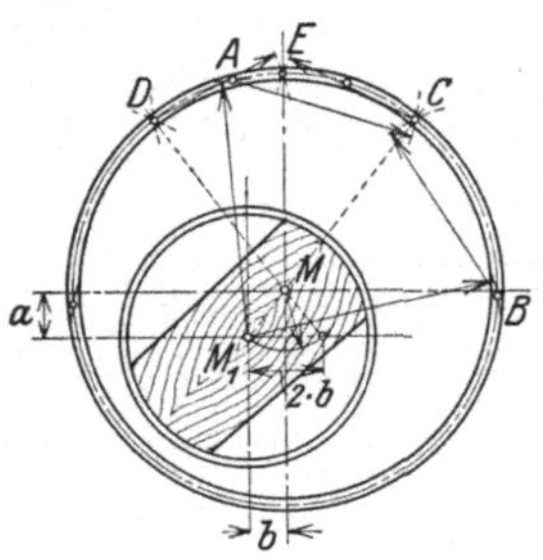

Abb. 37. Feststellen der Kesselmitte und Kesselachse bei Einflammrohrkesselböden

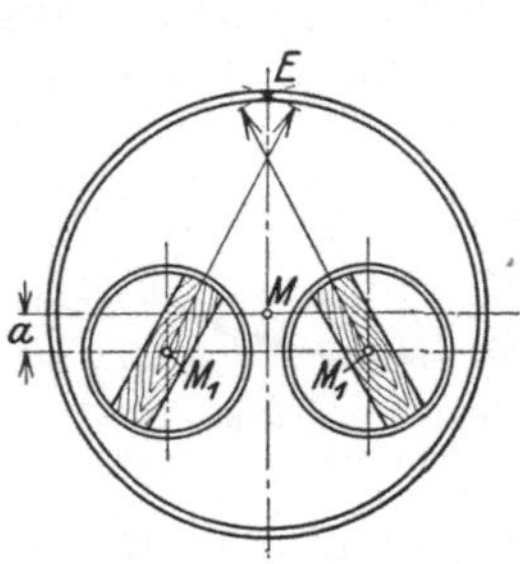

Abb. 38. Feststellen der Kesselmitte und Kesselachse bei Zweiflammrohrkesselböden

39. Zweiflammrohrkesselböden (Abb. 38). Die Nietrißlinien werden bei Zweiflammrohrböden ebenfalls parallel zur gedrehten Kante des Bordes angerissen. Die Anfangspunkte der Nietteilung festzustellen, ist weit einfacher als beim Einflammrohrboden: In die beiden Flammrohrlöcher wird je ein Holzmittel eingesetzt und darauf die Mitte M_1 jedes Rohrloches festgestellt. Mit dem Stangenzirkel schlägt man nun aus M_1 Kreisbögen auf der Wandstärke des Bodenbordes, die sich in E schneiden. Punkt E wird mit dem Winkel auf den Bord herabgelotet und ergibt dort, wo dieser Lotriß die Nietrißlinie schneidet, den Anfangspunkt der Nietteilung. Dieser so festgestellte Punkt liegt senkrecht über dem Mittelpunkt M des Kesselbodens.

Beim Feststellen des Punktes E am Kesselboden ist darauf zu achten, daß er senkrecht über der Flammrohrachse M_1—M_1 liegt. Man erreicht dadurch, daß die Flammrohre nach Fertigstellung des Kessels waagerecht liegen und vom Kesselwasser gut umspült werden. Die Höhe des Wasserstandes muß nach den Abmessungen am Boden ausgeführt werden: Der niedrigste *Wasserstand* muß noch 100 mm über dem höchsten Punkt der Flammrohre liegen; er wird deshalb von der Flammrohrachse aus gemessen.

40. Winkelringe. Bei Winkeleisenringen werden die Nietrißlinien mittels Spitzzirkel oder Streichmaß angerissen. Winkelringe, bei denen ein Schenkel gerade gedreht wird, werden erst nach dem Drehen vorgezeichnet und die Nietrißlinie wird parallel zur gedrehten Kante gelegt. Das Streichmaß von Winkelringen, auch Wurzelmaß genannt, steht in einem festen Verhältnis zur Schenkelbreite und Schenkelstärke; es wird $= \frac{\text{Schenkelbreite} + \text{Schenkelstärke}}{2}$ gesetzt und auf volle 5 mm auf- oder abgerundet. Ein Winkelring von $100 \times 100 \times 14$ ergibt deshalb $\frac{100 + 14}{2} = 57 \approx 55$ mm Streichmaß.

Auf dem Flansch von Winkelringen vorgesehene Schraubenlöcher werden vorgezeichnet, indem man den Mittelpunkt des Ringes feststellt und mit dem Stangenzirkel den Lochkreis für die Schraubenlöcher auf dem Flansch zeichnet. Der vorgezeichnete Lochkreis wird halbiert und geviertelt und die nach Tabelle 4 (S. 27) berechnete Lochteilung auf dem Lochkreis eingeteilt. Die Teilungen werden gut spitz gekörnt und mit der Lochgröße entsprechenden Kreiskörnern versehen.

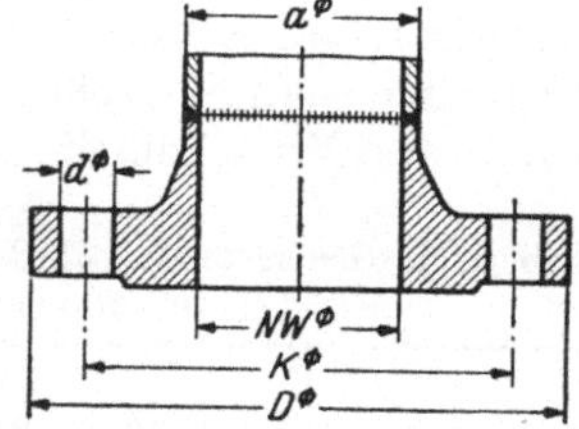

Abb. 39. Flansch mit Ansatz. *NW* Durchgang im Lichten (Nennweite), *a* äußerer Rohrdurchmesser, *K* Lochkreisdurchmesser, *n* Anzahl der Schraubenlöcher, *d* Durchmesser der Schraubenlöcher

41. Flansche (Abb. 39 und Tabelle 5 und 6). Die an Kesseln, Apparaten und Behältern anzubringenden Stutzen, Nietflansche usw. für die Rohrleitungen müssen mit Gewindelöchern für Stiftschrauben oder mit Schraubenlöchern versehen werden. Zum Zweck der wirtschaftlichen Herstellung und Lagerhaltung sind sowohl die Betriebsdrücke als

Tabelle 5. *Zusammenstellung der wichtigsten DIN-Normblätter über Flansche* [1]

Nenndruck *ND* in kg/cm²												Hauptinhalt der Normblätter
1	2,5	6	10	16	25	40	64	100	160	250	320	
DIN												
2501	2501	2501	2502	2502	2503	2503	2504	2505				Anschlußmaße
2555	2555	2555										glatte runde Gewindefl.
		2558										glatte ovale Gewindefl.
			2561	2561								ovale Gew.-Fl. m. Ansatz
		2565	2566	2566	2567	2567	2568	2569				runde Gew.-Fl. m. Ansatz
2572	2572	2573										Glatte Fl. zum Löten oder Schweißen
2574	2574	2575										glatte Walzflansche
			2581	2583								Walzfl. m. Ansatz
2630	2630	2631	2632	2633	2634	2635	2636	2637	2638	2628	2629	Vorschweiß-Fl. f. Gasschmelz- u. elektr. Schweißung
		2641	2642									lose Fl. f. Bördelrohre
									2645	2646	2647	lose Fl. m. Stauchbund
		2652	2653		2655	2656						lose Fl. m. Bund
									2667	2668	2669	lose Fl. m. Anschweißbund
			2673									lose Fl. m. Vorschweißbund für Gasschmelzschweißung

[1] Es wird empfohlen, bei Bestellung von Normblättern das neueste DIN-Normblatt-Verzeichnis zugrunde zu legen.

auch die Nennweiten genormt. Größe und Anzahl der Löcher für Stiftschrauben oder Durchgangsschrauben richten sich also nach den DIN-Normblättern. Unter Nennweite = *NW* versteht man allgemein den lichten Durchmesser einer Flanschverbindung oder einer dazugehörigen Rohrleitung. Da aber die Außenabmessungen der Rohre, Vorschweißflansche usw. aus Rücksicht auf die Herstellung festliegen, können die lichten Durchmesser geringe Unterschiede gegenüber den Nennweiten aufweisen, je nach der zur Anwendung kommenden Wandstärke der Rohre. Die Bezeichnung Nenndruck = *ND* gibt an, bis zu welchem Betriebsdruck die genormten Abmessungen für die Festigkeitsberechnung der Flanschverbindung ausreichend sind.

Tabelle 5 gibt einen Überblick über die Flanschen-Normung. Sie ist geordnet nach dem Nenndruck, dessen Abstufung für Dampfkessel nach DIN 2901 genormt ist, und nach den Flanschen-Formen. In Tabelle 6 sind die Anschlußmaße für Vorschweißflansche nach Abb. 39 angegeben. Für das Vorzeichnen von Rohrflanschen und Kesselstutzen gilt nach DIN 2508 die Regel, daß die senkrechte Mittellinie eines Flansches kein Schraubenloch enthält. Für den Vorzeichner ist die senkrechte Mittellinie die Achse des Kessels oder Behälters.

Tabelle 6. *Genormte Anschlußmaße für Flansche (Abb. 39) nach DIN 2501 bis 2503 und 2631 bis 2635 (s. Anmerkung zu Tabelle 1). Maße sind mm*

		Nenndruck *ND*															
NW	*a*	bis 10 kg/cm²				bis 16 kg/cm²				bis 25 kg/cm²				bis 40 kg/cm²			
		D	*K*	*n*	*d*	*D*	*K*	*n*	*d*	*D*	*K*	*n*	*d*	*D*	*K*	*n*	*d*
10	14	—	—	—	—	—	—	—	—	—	—	—	—	90	60	4	14
15	20	—	—	—	—	—	—	—	—	—	—	—	—	95	65	4	14
20	25	—	—	—	—	—	—	—	—	—	—	—	—	105	75	4	14
25	30	—	—	—	—	—	—	—	—	—	—	—	—	115	85	4	14
32	38	—	—	—	—	—	—	—	—	—	—	—	—	140	100	4	18
40	44,5	—	—	—	—	—	—	—	—	—	—	—	—	150	110	4	18
50	57	—	—	—	—	—	—	—	—	—	—	—	—	165	125	4	18
65	76	—	—	—	—	185	145	4	18	—	—	—	—	185	145	8	18
80	89	200	160	4	18	—	—	—	—	—	—	—	—	200	160	8	18
100	108	—	—	—	—	220	180	8	18	—	—	—	—	235	190	8	23
125	133	—	—	—	—	250	210	8	18	—	—	—	—	270	220	8	27
150	159	—	—	—	—	285	240	8	23	—	—	—	—	300	250	8	27
200	216	340	295	8	23	340	295	12	23	360	310	12	27	375	320	12	30
250	267	395	350	12	23	405	355	12	27	425	370	12	30	450	385	12	33
300	328	445	400	12	23	460	410	12	27	485	430	16	30	515	450	16	33
350	368	505	460	16	23	520	470	16	27	555	490	16	33	580	510	16	36
400	419	565	515	16	27	580	525	16	30	620	550	16	36	660	585	16	39
500	521	670	620	20	27	715	650	20	33	730	660	20	39	755	670	20	42

IV. Abwicklungen zylindrischer und kegeliger Mantelschüsse

A. Die Blechfaser des Vorzeichners

Wenn die Abwicklung eines Kesselschusses nach dem inneren oder, wie in der Praxis gesagt wird, dem lichten Durchmesser berechnet wird, werden wir nach dem Walzen feststellen müssen, daß der Durchmesser nicht stimmt, sondern kleiner geworden ist. Nach Rechnung mit dem äußeren Durchmesser würde der Kesselschuß zu groß werden. In Kesselschmieden ist es aber unbedingt notwendig, schon im voraus den Umfang der Abwicklung *genau* festzustellen, denn alle Löcher und die Abwicklung des gewünschten Durchmessers müssen vor dem Walzen am *geraden* Blech vorgezeichnet werden.

42. Die neutrale Faser. In den Kesselschmieden wird meist die Dreiwalzenmaschine verwendet, die sich beim Walzen von kegeligen Schüssen besser bewährt als die Vierwalzenmaschine. Das Walzen eines Kesselschusses beruht auf dem Grundsatz eines frei aufliegenden Trägers (Abb. 40). Die beiden unteren Walzen sind als Auflager zu betrachten, während die obere Walze die in der Mitte angreifende Kraft P ausübt. Ein Kesselblech, das auf 2 Stellen (A und B Abb. 41) aufliegt, während von oben eine Kraft (P) drückt, biegt sich durch. Dadurch erleiden die einzelnen Fasern des Bleches Formveränderungen, und zwar werden die oberhalb der Blechmitte liegenden Fasern gestaucht, die unterhalb liegenden gereckt. Es treten somit in den oberen Fasern Druckspannungen und in den unteren Zugspannungen auf. Folglich muß es eine Faser geben, in der weder Druck- noch Zugspannung vorhanden ist. Diese Faser, die gegen Zug und Druck neutral bleibt, kann nur in der Mitte der Blechstärke liegen. Sie wird „neutrale Faser" genannt, verändert nie ihre Länge und wird aus diesem Grunde bei allen Gegenständen, die gebogen werden, für die Rechnung benutzt. Beim Biegen von Profilstählen ist die *Schwerpunktsachse* die neutrale Faser.

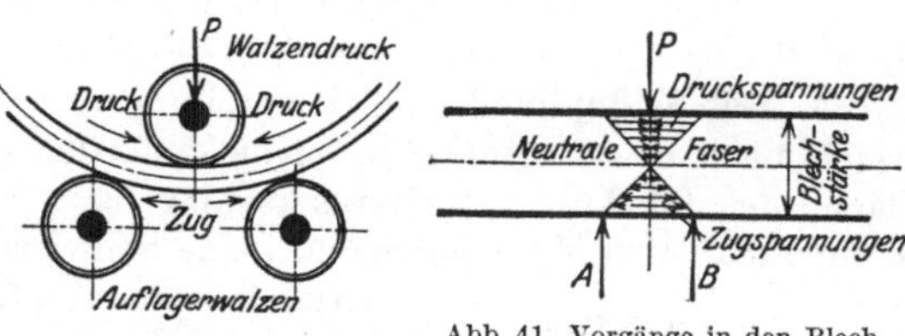

Abb. 40. Vorgänge beim Blechwalzen

Abb. 41. Vorgänge in den Blechfasern beim Blechwalzen

Werden besonders dicke Bleche um 90° oder mehr abgebogen, so verschiebt sich die neutrale Faser etwas nach der gestauchten Seite hin. Sie liegt dann bei $r + s/3$ statt $r + s/2$.

Der richtige Durchmesser zur Berechnung der gestreckten Länge eines zylindrischen Kesselschusses ist daher der mittlere Durchmesser zwischen dem inneren und äußeren, d. h. der innere oder lichte Durchmesser, vermehrt um $2 \cdot \frac{1}{2} = 1$ Blechstärke. Ist der äußere Durchmesser gegeben, so muß 1 Blechstärke abgezogen werden. Ist der Umfang schon durch Abrollen irgendwie festgestellt, so wird, um die Länge der Abwicklung zu bestimmen, 1 Blechstärke, mit π ($= 3{,}14$) multipliziert, zugezählt oder abgezogen, je nachdem, welcher Umfang abgerollt ist. In den folgenden Abschnitten ist die Berechnung derartiger Fälle näher behandelt.

B. Die zylindrischen Mantelschüsse

43. Der enge und der weite Mantelschuß. Bei der Herstellung von Kesseln usw. vermeidet man es natürlich soviel wie möglich, Nähte zu verwenden, da sie die schwächsten Stellen der Kessel sind. Man muß sich aber anderseits nach den Abmessungen der Bleche richten, die das Walzwerk herstellen kann. Überschreiten die Kessel- oder Behältermäntel in Länge oder Umfang bestimmte Maße, so müssen sie aus mehreren Blechen zusammengesetzt werden. In der Längsrichtung besteht dann ein Kessel oder Behälter aus mehreren Schüssen oder Bunden, die entweder zylindrisch oder kegelig sind. Bei zylindrischer Form sind sie entweder alle von gleichem Durchmesser und werden geschweißt oder mit übergeschobener Lasche vernietet, oder sie sind von verschieden großem Durchmesser und stecken ineinander. Der Unterschied im Durchmesser ist dann 2 Blechstärken, man unterscheidet den weiten und den engen Schuß. Ist ein Übergang vom engen zum weiten Schuß notwendig, so bildet sich der kegelige Schuß.

Die Abwicklung der engen und weiten Schüsse ergibt eine rechteckige Fläche mit der Länge = dem Umfange auf der neutralen Faser und der Höhe = dem

Längenstichmaße des Kessels. Die Abwicklung eines kegeligen Schusses dagegen ergibt die Fläche eines Kreisringausschnittes (Abschn. 27).

Nach der im Abschn. 21 angegebenen Formel wird der Umfang eines Kreises berechnet. Damit ergibt sich das Umfangsstichmaß U eines weiten Schusses auf der neutralen Faser, wenn D der lichte Durchmesser und s die Blechstärke ist, zu:

$$U = (D + s) \cdot \pi \text{ (weiter Schuß)}$$

und das Umfangsstichmaß u des engen Schusses, d. h. also des Schusses, der in vorstehenden eingeschoben werden soll, zu:

$$u = (D - s) \cdot \pi \text{ (enger Schuß).}$$

Der Unterschied beider Umfangsstichmaße beträgt theoretisch genau $(2 \cdot s) \cdot \pi$, ist aber für die Praxis noch nicht ohne weiteres zu verwenden.

44. Das Schlupfmaß. Bei Herstellung der Bleche ist es unmöglich, kleine Abweichungen in der Stärke zu vermeiden oder kleine Unebenheiten auf der Oberfläche des Bleches, wie Hammerschlag usw., zu verhüten. Um daher beim Zusammenbau von Mantelschüssen keine Schwierigkeiten zu haben, muß man, ohne merklich vom richtigen Umfangsverhältnis abzuweichen, noch ein sogenanntes Schlupfmaß zu dem weiten Schuß hinzufügen oder von dem engen Schuß abziehen. Zugabe bzw. Abzug richten sich im allgemeinen nach dem Durchmesser und der Blechstärke der einzelnen Mantelschüsse. Sie sollen gewöhnlich 3···5 mm, auf den Umfang gerechnet, nicht überschreiten. Durch einige Erfahrungen wird man schnell das richtige Verhältnis bestimmen lernen. Für geschweißte Werkstücke, die gewöhnlich stumpf aneinanderstoßen, braucht man kein Schlupfmaß. Schlupfmaße sind also nur erforderlich, wenn Mantelschüsse ineinander oder in einen Winkelring geschoben werden müssen.

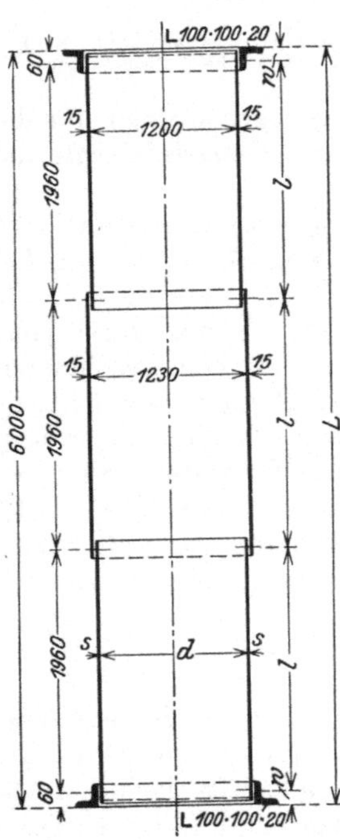

Abb. 42. Beispiel zur Berechnung der Abwicklungswerte

45. Beispiel zur Berechnung der Umfangsstichmaße. Der Vorzeichner wird gewöhnlich einen etwa schon vorhandenen Umfang als Grundlage zur Berechnung annehmen. Das kann z. B. der Umfang eines Winkelringes, Bodens oder sonstigen Formstückes sein, zu dem ein Mantelblech angefertigt werden soll. Zum leichteren Verständnis soll ein Beispiel durchgerechnet werden:

Zu einem Rohr (Abb. 42) seien die Winkelringe vorhanden; die Umfangsstichmaße zur Abwicklung des Mantels sollen berechnet werden. Die Winkelringe $100 \times 100 \times 20$ ergeben beide, abgerollt auf dem inneren Schenkel, einen Umfang von je 3864 mm. Die Blechstärke s beträgt 15 mm; das Rohr soll 6000 mm lang werden und aus zwei engen und einem weiten Schuß bestehen. Die beiden Schüsse, die mit den Winkelringen vernietet werden sollen, gelten als enge Schüsse, weil sie den kleinsten lichten Durchmesser haben. Das Verbindungsstück ist in diesem Beispiel der weite Schuß. Die Umfangsstichmaße für die beiden engen Schüsse ergeben sich zu:

$$u = 3864 \text{ (Umfang des Winkelringes)} - s \cdot \pi - z \text{ (Schlupf).}$$

Der Wert von $s \cdot \pi$ (d. i. Blechstärke $\times$ 3,14) wird zweckmäßig aus Tabelle 7 entnommen. Der Schlupf z kann in diesem Falle mit 4 mm als genügend angesehen werden. Damit erhält man

$$u = 3864 - (47{,}12 + 4) \approx 3864 - 51 = 3813 \text{ mm.}$$

Für den weiten Schuß ergibt sich das Umfangsstichmaß U zu:

$$U = 3864 + s \cdot \pi = 3864 + 47{,}12 \approx 3911 \text{ mm.}$$

Der Unterschied zwischen den beiden Umfangsstichmaßen muß $(2 \cdot s \cdot \pi) + z = (2 \cdot 15 \cdot 3{,}14) + 4 = 98$ mm betragen; Probe $3911 - 3813 = 98$ mm.

Tabelle 7. *Werte für Blechstärken* $s \cdot \pi$

s	$s \cdot \pi$	s	$s \cdot \pi$	s	$s \cdot \pi$	s	$s \cdot \pi$	s	$s \cdot \pi$	s	$s \cdot \pi$	s	$s \cdot \pi$
1	3,14	7	21,99	13	40,84	19	59,69	25	78,54	31	97,39	37	116,2
1,5	4,71	7,5	23,56	13,5	42,41	19,5	61,26	25,5	80,11	31,5	98,96	37,5	117,8
2	6,28	8	25,13	14	43,98	20	62,83	26	81,68	32	100,5	38	119,4
2,5	7,85	8,5	26,70	14,5	45,55	20,5	64,40	26,5	83,25	32,5	102,1	38,5	121,0
3	9,42	9	28,27	15	47,12	21	65,97	27	84,82	33	103,7	39	122,5
3,5	10,99	9,5	29,84	15,5	48,69	21,5	67,54	27,5	86,39	33,5	105,2	39,5	124,1
4	12,56	10	31,41	16	50,27	22	69,12	28	87,96	34	106,8	40	125,7
4,5	14,13	10,5	32,98	16,5	51,84	22,5	70,69	28,5	89,54	34,5	108,4	40,5	127,2
5	15,70	11	34,56	17	53,41	23	72,26	29	91,11	35	110,0	41	128,8
5,5	17,27	11,5	36,13	17,5	54,98	23,5	73,83	29,5	92,68	35,5	111,5	41,5	130,3
6	18,85	12	37,70	18	56,55	24	75,40	30	94,25	36	113,1	42	131,9
6,5	20,42	12,5	39,27	18,5	58,12	24,5	76,97	30,5	95,82	36,5	114,7	42,5	133,5

46. Beispiel zur Berechnung der Längenstichmaße (Abb. 42). Man ermittelt erst das Streichmaß w der Winkelringe. Nach Abschn. 40 haben die Winkelringe $100 \times 100 \times 20$ ein Streichmaß $w = 60$ mm. Die beiden Werte w werden von der ganzen Rohrlänge abgezogen und der Rest durch die Anzahl der Schüsse n geteilt, in diesem Falle durch 3. Das Längenstichmaß l für jeden einzelnen Schuß ergibt sich demnach aus der Gesamtlänge L zu:

$$l = \frac{L - (2\,w)}{n} = \frac{6000 - (2 \cdot 60)}{3} = \frac{6000 - 120}{3} = 1960 \text{ mm.}$$

Die Abwicklungen der engen Schüsse haben hier die Form eines Rechtecks mit der Länge des Umfangsstichmaßes 3813 und der Höhe des Längenstichmaßes 1960 mm, die des weiten Schusses mit der Länge 3911 und der Höhe 1960 mm. Da die Längen- und Umfangsstichmaße auf Nietrißlinie berechnet worden sind, muß zur Bestimmung der Blechgröße, zwecks Blechbestellung, die Blechüberlappung für die erforderliche Vernietung hinzugerechnet werden. Nach Tabelle 11 (S. 42) werden für 15 mm-Blechstärken 23 mm-Nieten verwendet mit einer Überlappung von 70 mm (Nietung nach Abb. 47). Die Bleche müssen demnach bestellt werden:

für den weiten Mantelschuß
$(3911 + 70) \times (1960 + 70)$, also $3981 \times 2030 \times 15$;

für den engen Mantelschluß
$(3813 + 70) \times (1960 + 70)$, also $3883 \times 2030 \times 15$.

Bei Bestellung der Bleche im Walzwerk muß noch die Gewichts- und Maßabweichung nach DIN 1543 berücksichtigt werden.

C. Die kegeligen Mantelschüsse

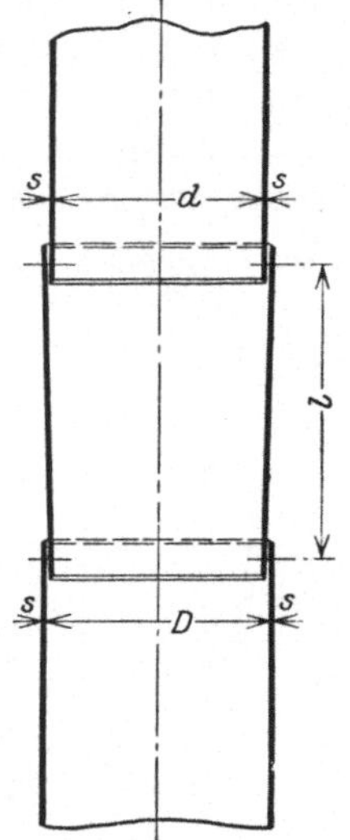

Abb. 43. Beispiel zur Berechnung der Abwicklungswerte bei kegeligen Schüssen

47. Der kegelige Mantelschuß (Abb. 43) ist ein abgestumpfter Kegel, seine Abwicklung ergibt einen Kreisringausschnitt, dessen Radius R nach Abschn. 27 b zu berechnen ist (S. 19). Bei schlanken Kegeln ist dieser Radius sehr groß, so daß man die zur Abwicklung nötigen Kreisbögen nicht mit dem Stangenzirkel zeichnen kann, vielmehr müssen sie nach Abb. 29 konstruiert werden. Der kleine Kreisbogen wird dann parallel zum großen Kreisbogen gelegt, und die Umfangsstichmaße werden auf dem Kreisbogen von der Mitte aus abgerollt. Handelt es sich um die Abwicklung eines kegeligen Schusses, der als Übergang vom weiten zum engen Schuß dienen soll, wie es bei jedem Kessel oder Behälter mit gerader Schußanzahl erforderlich ist, so müssen die berechneten Umfangsstichmaße der weiten und engen Schüsse berücksichtigt werden. Der Unterschied zwischen der großen und kleinen Bogenlänge des abgewickelten Kegelschusses beträgt ebenfalls

$2 \cdot s \cdot \pi + z$. Der Unterschied zwischen den beiden Durchmessern des Kegelstumpfes ist dann $= 2$ Blechstärken $+ z/\pi$.

48. Abwicklungen mit kleiner Bogenhöhe erfordern nur, außer den beiden Umfangsstichmaßen noch die zur Konstruktion der Kreisbögen benötigte Bogenhöhe H (Abb. 20) zu berechnen (s. S. 19). Die Umfangsstichmaße für den kegeligen Schuß werden ebenso berechnet wie bei den engen und weiten zylindrischen Schüssen. Werden die engen und weiten Schüsse gleichzeitig mit vorgezeichnet, so können ihre Umfangsstichmaße zur Berechnung der Bogenhöhe unmittelbar verwendet werden. Die Bogenhöhe kann man dann mit ausreichender Genauigkeit mit der im Abschn. 27 angegebenen Näherungs-Formel bestimmen:

$$H = \frac{U \cdot (U - u)}{8 \cdot l}.$$

Ist z. B. nach Abb. 42 das Umfangsstichmaß u des engen Schusses $= 3813$ mm und das Umfangsstichmaß U des weiten Schusses $= 3911$ mm, das Längenstichmaß l der einzelnen Schüsse $= 1960$ mm, so ist die Bogenhöhe des abgewickelten kegeligen Schusses nach Abb. 43:

$$H = \frac{U \cdot (U - u)}{8 \cdot l} = \frac{3911 \cdot (3911 - 3813)}{8 \cdot 1960} = \frac{3911 \cdot 98}{15\,680} = 24{,}4 \text{ mm.}$$

Besteht der kegelige Schuß am Umfang aus mehreren Blechen, so werden die Umfangsstichmaße dementsprechend geteilt, und für jedes einzelne wird die Bogenhöhe gesondert nach obiger Formel berechnet, sofern wegen ungleicher Teile die Höhen nicht übereinstimmen. Besteht der Gesamtumfang der Abwicklung aus 2 Hälften, so ist die Bogenhöhe für jede Hälfte der Abwicklung $1/4$ der Gesamtbogenhöhe; besteht er aus 3 Teilen, so ist die Bogenhöhe $= 1/9$, besteht er aus 4 Teilen, so ist sie $= 1/16$, besteht er allgemein aus n Teilen, so ist die Bogenhöhe $= 1/n^2$ der Gesamtbogenhöhe.

49. Abwicklungen mit großer Bogenhöhe. Anwendung der Tabelle 8 (S. 37...39). Ist der Unterschied zwischen den beiden Durchmessern eines Kegelschusses weit größer als 2 Blechstärken, so daß H nach obiger Formel größer wird als $0{,}2 \cdot D$, so ist diese Formel nicht mehr anwendbar, da sie zu ungenaue Werte ergäbe. Man rechnet dann mit dem genauen Verfahren und bestimmt erst die Umfangsstichmaße U und u, die schräge Länge l_1, den Winkel α (Alpha) und den Radius R mit den im Abschn. 27b (S. 19) angegebenen Formeln und danach mit Hilfe der Tabelle 8 die Sehnenlänge S und die genaue Bogenhöhe H. Als Beispiel für einen solchen Rechnungsgang soll der in Abb. 44 dargestellte kegelige Mantelschuß jetzt berechnet werden. Dabei erhält man mit den Maßen dieser Abbildung:

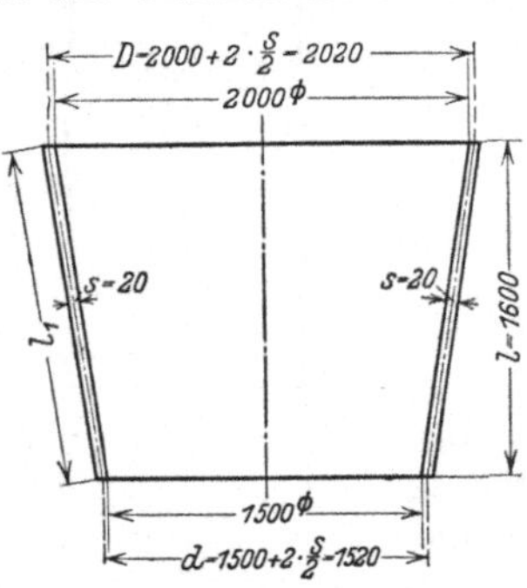

Abb. 44. Kegeliger Mantelschuß

$$l_1 = \sqrt{\left(\frac{D - d}{2}\right)^2 + l^2} = \sqrt{\left(\frac{2020 - 1520}{2}\right)^2 + 1600^2} = \sqrt{2\,622\,500} \approx 1619 \text{ mm};$$

$$R = \frac{D \cdot l_1}{D - d} = \frac{2020 \cdot 1619}{500} = 6540 \text{ mm}; \quad \sphericalangle\, \alpha = \frac{D}{R} \cdot 180° = \frac{2020}{6540} \cdot 180° = 55{,}594°.$$

Bevor man nun weiterrechnet, kontrolliert man zweckmäßig die bisher berechneten Größen. Es kann das mit Hilfe der Tabelle 8 so geschehen, daß man die Größe der Umfangsstichmaße U und u einmal unmittelbar aus D und d berechnet, und zweitens aus $\sphericalangle\, \alpha$, Radien R und r und den in der Tafel angegebenen Bogenlängen.

Tabelle 8. *Kreisgrößen für den Radius 1*

Grad	Bogenlänge, Z_B	Sehne, Z_S	Bogenhöhe, Z_H	Grad	Bogenlänge, Z_B	Sehne, Z_S	Bogenhöhe, Z_H
1	0,0175	0,0175	0,0000	61	1,0647	1,0151	0,1384
2	0,0349	0,0349	0,0002	62	1,0821	1,0301	0,1428
3	0,0524	0,0524	0,0003	63	1,0996	1,0450	0,1474
4	0,0698	0,0689	0,0006	64	1,1170	1,0598	0,1520
5	0,0873	0,0872	0,0010	65	1,1345	1,0746	0,1566
6	0,1047	0,1047	0,0014	66	1,1519	1,0893	0,1513
7	0,1222	0,1221	0,0019	67	1,1694	1,1039	0,1661
8	0,1396	0,1395	0,0024	68	1,1868	1,1184	0,1710
9	0,1571	0,1569	0,0031	69	1,2043	1,1328	0,1759
10	0,1745	0,1743	0,0038	70	1,2217	1,1472	0,1808
11	0,1920	0,1917	0,0046	71	1,2392	1,1614	0,1859
12	0,2094	0,2091	0,0055	72	1,2566	1,1756	0,1910
13	0,2269	0,2264	0,0064	73	1,2741	1,1896	0,1961
14	0,2443	0,2437	0,0075	74	1,2915	1,2036	0,2014
15	0,2618	0,2611	0,0086	75	1,3090	1,2175	0,2066
16	0,2793	0,2783	0,0097	76	1,3265	1,2313	0,2120
17	0,2967	0,2956	0,0110	77	1,3439	1,2450	0,2174
18	0,3142	0,3129	0,0123	78	1,3614	1,2586	0,2229
19	0,3316	0,3301	0,0137	79	1,3788	1,2722	0,2284
20	0,3491	0,3473	0,0152	80	1,3963	1,2856	0,2340
21	0,3665	0,3645	0,0167	81	1,4137	1,2989	0,2396
22	0,3840	0,3816	0,0184	82	1,4212	1,3121	0,2453
23	0,4014	0,3987	0,0201	83	1,4486	1,3252	0,2510
24	0,4189	0,4158	0,0219	84	1,4661	1,3383	0,2569
25	0,4363	0,4329	0,0237	85	1,4835	1,3512	0,2627
26	0,4538	0,4499	0,0256	86	1,5010	1,3640	0,2686
27	0,4712	0,4669	0,0267	87	1,5184	1,3767	0,2746
28	0,4887	0,4838	0,0297	88	1,5359	1,3893	0,2807
29	0,5061	0,5008	0,0319	89	1,5533	1,4018	0,2867
30	0,5236	0,5176	0,0341	90	1,5708	1,4142	0,2929
31	0,5411	0,5345	0,0364	91	1,5882	1,4265	0,2991
32	0,5585	0,5513	0,0387	92	1,6057	1,4387	0,3053
33	0,5760	0,5680	0,0412	93	1,6232	1,4507	0,3116
34	0,5934	0,5847	0,0437	94	1,6406	1,4627	0,3180
35	0,6109	0,6014	0,0463	95	1,6581	1,4746	0,3244
36	0,6283	0,6180	0,0489	96	1,6755	1,4863	0,3309
37	0,6458	0,6346	0,0517	97	1,6930	1,4979	0,3374
38	0,6632	0,6511	0,0545	98	1,7104	1,5094	0,3439
39	0,6807	0,6676	0,0574	99	1,7279	1,5208	0,3506
40	0,6981	0,6840	0,0603	100	1,7453	1,5321	0,3572
41	0,7156	0,7004	0,0633	101	1,7628	1,5432	0,3639
42	0,7330	0,7167	0,0664	102	1,7802	1,5543	0,3707
43	0,7505	0,7330	0,0696	103	1,7977	1,5652	0,3775
44	0,7679	0,7492	0,0728	104	1,8151	1,5760	0,3843
45	0,7854	0,7654	0,0761	105	1,8326	1,5867	0,3912
46	0,8029	0,7815	0,0795	106	1,8500	1,5973	0,3982
47	0,8203	0,7975	0,0829	107	1,8675	1,6077	0,4052
48	0,8378	0,8135	0,0865	108	1,8850	1,6180	0,4122
49	0,8552	0,8294	0,0900	109	1,9024	1,6282	0,4193
50	0,8727	0,8452	0,0937	110	1,9199	1,6383	0,4264
51	0,8901	0,8610	0,0974	111	1,9373	1,6483	0,4336
52	0,9076	0,8767	0,1012	112	1,9548	1,6581	0,4408
53	0,9250	0,8924	0,1051	113	1,9722	1,6678	0,4481
54	0,9425	0,9080	0,1090	114	1,9897	1,6773	0,4554
55	0,9599	0,9235	0,1130	115	2,0071	1,6868	0,4627
56	0,9774	0,9389	0,1171	116	2,0246	1,6961	0,4701
57	0,9948	0,9543	0,1212	117	2,0420	1,7053	0,4775
58	1,0123	0,9696	0,1254	118	2,0595	1,7143	0,4850
59	1,0297	0,9848	0,1296	119	2,0769	1,7233	0,4925
60	1,0472	1,0000	0,1340	120	2,0944	1,7321	0,5000

Fortsetzung der Tabelle 8

Grad	Bogenlänge, Z_B	Sehne, Z_S	Bogenhöhe, Z_H	Grad	Bogenlänge, Z_B	Sehne, Z_S	Bogenhöhe, Z_H
121	2,1118	1,7407	0,5076	181	3,1581	1,9999	1,0087
122	2,1293	1,7492	0,5152	182	3,1765	1,9997	1,0175
123	2,1468	1,7576	0,5228	183	3,1940	1,9993	1,0262
124	2,1642	1,7659	0,5305	184	3,2114	1,9988	1,0349
125	2,1817	1,7740	0,5383	185	3,2289	1,9981	1,0436
126	2,1991	1,7820	0,5460	186	3,2463	1,9973	1,0523
127	2,2166	1,7899	0,5538	187	3,2638	1,9963	1,0610
128	2,2340	1,7976	0,5616	188	3,2812	1,9951	1,0698
129	2,2515	1,8052	0,5695	189	3,2987	1,9938	1,0785
130	2,2689	1,8126	0,5774	190	3,3161	1,9924	1,0872
131	2,2864	1,8169	0,5853	191	3,3336	1,9908	1,0958
132	2,3038	1,8271	0,5933	192	3,3510	1,9890	1,1045
133	2,3213	1,8341	0,6013	193	3,3685	1,9871	1,1132
134	2,3387	1,8410	0,6093	194	3,3859	1,9851	1,1219
135	2,3562	1,8478	0,6173	195	3,4034	1,9829	1,1305
136	2,3736	1,8544	0,6254	196	3,4208	1,9805	1,1392
137	2,3911	1,8608	0,6335	197	3,4383	1,9780	1,1478
138	2,4086	1,8672	0,6416	198	3,4558	1,9754	1,1564
139	2,4260	1,8733	0,6498	199	3,4732	1,9726	1,1650
140	2,4435	1,8794	0,6580	200	3,4907	1,9696	1,1736
141	2,4609	1,8853	0,6662	201	3,5081	1,9665	1,1822
142	2,4784	1,8910	0,6744	202	3,5256	1,9633	1,1908
143	2,4958	1,8966	0,6827	203	3,5430	1,9598	1,1994
144	2,5133	1,9021	0,6910	204	3,5605	1,9563	1,2079
145	2,5307	1,9074	0,6993	205	3,5779	1,9526	1,2164
146	2,5482	1,9126	0,7076	206	3,5954	1,9487	1,2250
147	2,5656	1,9176	0,7160	207	3,6128	1,9447	1,2334
148	2,5831	1,9225	0,7244	208	3,6303	1,9406	1,2419
149	2,6005	1,9273	0,7328	209	3,6477	1,9363	1,2504
150	2,6180	1,9319	0,7412	210	3,6652	1,9319	1,2588
151	2,6354	1,9363	0,7496	211	3,6826	1,9273	1,2672
152	2,6529	1,9406	0,7581	212	3,7001	1,9225	1,2756
153	2,6704	1,9447	0,7666	213	3,7176	1,9176	1,2840
154	2,6878	1,9487	0,7750	214	3,7350	1,9126	1,2924
155	2,7053	1,9526	0,7836	215	3,7525	1,9074	1,3007
156	2,7227	1,9563	0,7921	216	3,7699	1,9021	1,3090
157	2,7402	1,9598	0,8006	217	3,7874	1,8966	1,3173
158	2,7576	1,9633	0,8092	218	3,8048	1,8910	1,3256
159	2,7751	1,9665	0,8178	219	3,8223	1,8853	1,3338
160	2,7925	1,9696	0,8264	220	3,8397	1,8794	1,3420
161	2,8100	1,9726	0,8350	221	3,8572	1,8733	1,3502
162	2,8274	1,9754	0,8436	222	3,8746	1,8672	1,3584
163	2,8449	1,9780	0,8522	223	3,8921	1,8608	1,3665
164	2,8623	1,9805	0,8608	224	3,9095	1,8544	1,3746
165	2,8798	1,9829	0,8695	225	3,9270	1,8478	1,3827
166	2,8972	1,9851	0,8781	226	3,9444	1,8410	1,3907
167	2,9147	1,9871	0,8868	227	3,9619	1,8341	1,3987
168	2,9322	1,9890	0,8955	228	3,9794	1,8271	1,4067
169	2,9496	1,9908	0,9042	229	3,9968	1,8199	1,4147
170	2,9671	1,9924	0,9128	230	4,0143	1,8126	1,4226
171	2,9845	1,9938	0,9215	231	4,0317	1,8052	1,4305
172	3,0020	1,9951	0,9302	232	4,0492	1,7976	1,4384
173	3,0194	1,9963	0,9390	233	4,0666	1,7899	1,4462
174	3,0369	1,9973	0,9477	234	4,0841	1,7820	1,4550
175	3,0543	1,9981	0,9564	235	4,1015	1,7740	1,4617
176	3,0718	1,9988	0,9651	236	4,1190	1,7659	1,4695
177	3,0892	1,9993	0,9738	237	4,1364	1,7576	1,4772
178	3,1067	1,9997	0,9825	238	4,1539	1,7492	1,4848
179	3,1241	1,9999	0,9913	239	4,1713	1,7407	1,4924
180	3,1416	2,0000	1,0000	240	4,1888	1,7321	1,5000

Fortsetzung der Tabelle 8

Grad	Bogenlänge, Z_B	Sehne, Z_S	Bogenhöhe, Z_H	Grad	Bogenlänge, Z_B	Sehne, Z_S	Bogenhöhe, Z_H
241	4,2062	1,7233	1,5075	301	5,2534	0,9848	1,8704
242	4,2237	1,7143	1,5150	302	5,2709	0,9696	1,8746
243	4,2412	1,7053	1,5225	303	5,2883	0,9543	1,8788
244	4,2586	1,6961	1,5299	304	5,3058	0,9389	1,8829
245	4,2761	1,6868	1,5373	305	5,3233	0,9235	1,8870
246	4,2935	1,6773	1,5446	306	5,3407	0,9080	1,8910
247	4,3110	1,6678	1,5519	307	5,3582	0,8927	1,8949
248	4,3284	1,6581	1,5592	308	5,3756	0,8767	1,8988
249	4,3459	1,6483	1,5664	309	5,3931	0,8610	1,9026
250	4,3633	1,6383	1,5736	310	5,4105	0,8452	1,9063
251	4,3808	1,6282	1,5807	311	5,4280	0,8294	1,9100
252	4,3982	1,6180	1,5878	312	5,4454	0,8135	1,9135
253	4,4157	1,6077	1,5948	313	5,4629	0,7975	1,9171
254	4,4331	1,5973	1,6018	314	5,4803	0,7815	1,9205
255	4,4506	1,5867	1,6088	315	5,4978	0,7654	1,9239
256	4,4680	1,5760	1,6157	316	5,5152	0,7492	1,9272
257	4,4855	1,5652	1,6225	317	5,5327	0,7330	1,9304
258	4,5029	1,5543	1,6293	318	5,5501	0,7167	1,9336
259	4,5204	1,5432	1,6361	319	5,5676	0,7006	1,9367
260	4,5379	1,5321	1,6428	320	5,5851	0,6840	1,9397
261	4,5553	1,5208	1,6494	321	5,6025	0,6676	1,9426
262	4,5728	1,5094	1,6561	322	5,6200	0,6511	1,9455
263	4,5902	1,4979	1,6626	323	5,6374	0,6346	1,9483
264	4,6077	1,4863	1,6691	324	5,6549	0,6180	1,9511
265	4,6251	1,4746	1,6756	325	5,6723	0,6014	1,9537
266	4,6426	1,4627	1,6820	326	5,6898	0,5847	1,9563
267	4,6600	1,4507	1,6884	327	5,7072	0,5680	1,9588
268	4,6775	1,4387	1,6947	328	5,7247	0,5513	1,9613
269	4,6949	1,4265	1,7009	329	5,7421	0,5345	1,9636
270	4,7124	1,4142	1,7071	330	5,7596	0,5176	1,9659
271	4,7298	1,4018	1,7133	331	5,7770	0,5008	1,9681
272	4,7473	1,3893	1,7193	332	5,7945	0,4838	1,9703
273	4,7647	1,3767	1,7254	333	5,8119	0,4669	1,9724
274	4,7822	1,3640	1,7314	334	5,8294	0,4499	1,9744
275	4,7997	1,3512	1,7373	335	5,8469	0,3429	1,9763
276	4,8171	1,3383	1,7431	336	5,8643	0,4158	1,9781
277	4,8346	1,3252	1,7490	337	5,8818	0,3987	1,9799
278	4,8520	1,3121	1,7547	338	5,8992	0,3816	1,9816
279	4,8695	1,2989	1,7604	339	5,9167	0,3645	1,9833
280	4,8869	1,2856	1,7660	340	5,9341	0,3473	1,9848
281	4,9044	1,2722	1,7716	341	5,9516	0,3301	1,9863
282	4,9218	1,2586	1,7771	342	5,9690	0,3129	1,9877
283	4,9393	1,2450	1,7826	343	5,9865	0,2956	1,9890
284	4,9567	1,2313	1,7880	344	6,0039	0,2783	1,9903
285	4,9742	1,2175	1,7934	345	6,0214	0,2611	1,9914
286	4,9916	1,2036	1,7986	346	6,0388	0,2437	1,9925
287	5,0091	1,1896	1,8039	347	6,0563	0,2264	1,9936
288	5,0265	1,1756	1,8090	348	6,0737	0,2091	1,9945
289	5,0440	1,1614	1,8141	349	6,0912	0,1917	1,9954
290	5,0615	1,1472	1,8192	350	6,1087	0,1743	1,9962
291	5,0789	1,1328	1,8241	351	6,1261	0,1569	1,9969
292	5,0964	1,1184	1,8290	352	6,1436	0,1395	1,9976
293	5,1138	1,1039	1,8339	353	6,1610	0,1221	1,9981
294	5,1313	1,0893	1,8387	354	6,1785	0,1047	1,9986
295	5,1487	1,0746	1,8434	355	6,1959	0,0873	1,9990
296	5,1662	1,0598	1,8480	356	6,2134	0,0698	1,9994
297	5,1836	1,0450	1,8526	357	6,2308	0,0524	1,9997
298	5,2011	1,0201	1,8572	358	6,2483	0,0349	1,9998
299	5,2185	1,0151	1,8616	359	6,2657	0,0175	2,0000
300	5,2360	1,0000	1,8660	360	6,2832	0,0000	2,0000

Aus D und d ergibt sich:

$$U = D \cdot \pi = 2020 \cdot 3{,}14 = 6345 \text{ mm}; \quad u = d \cdot \pi = 1520 \cdot 3{,}14 = 4776 \text{ mm}.$$

Aus α, R und r erhält man die Werte für U und u, indem man die Bogenlänge für α aus der Tabelle entnimmt und mit R bzw. $r = R - l_1$ multipliziert. Die Bogenlänge für $\alpha = 55{,}594°$ steht nun nicht unmittelbar in der Tabelle, sondern muß aus dem Wert 0,9599 für 55° und dem Wert 0,9774 für 56° durch Zwischenwertberechnung (Interpolation) nach Abschn. 19 bestimmt werden zu 0,9702. Dann erhält man:

$$U = (\text{Bogenlänge für } \alpha) \cdot R \quad = 0{,}9702 \cdot 6540 \approx 6345 \text{ mm},$$
$$u = (\text{Bogenlänge für } \alpha) \cdot (R - l_1) = 0{,}9702 \cdot 4921 \approx 4776 \text{ mm}.$$

Da diese Werte mit den obigen übereinstimmen, ist alles richtig gerechnet. Wir berechnen daher jetzt die Sehnenlänge S und die Bogenhöhe H (Abb. 20).

a) *Sehnenlänge S.* Die Grundzahl Z_S wird aus der Tabelle entnommen — nötigenfalls der Zwischenwert berechnet — und mit Radius R multipliziert.

Da für die Größe von α in obigem Beispiel die Grundzahl Z_S in der Tabelle nicht enthalten ist, entnehmen wir ihr für $\alpha = 56°$ den Wert $Z_S = 0{,}9389$, für $\alpha = 55°$ den Wert $Z_S = 0{,}9235$ und bestimmen daraus durch Zwischenwertberechnung gemäß Abschn. 19 für $\alpha = 55{,}594°$ den Wert $Z_S = 0{,}9326$. Damit erhalten wir: $S = Z_S \cdot R = 0{,}9326 \cdot 6540 = 6099$ mm.

b) *Bogenhöhe H.* Es wird, entsprechend der Berechnung von S, die Grundzahl Z_H der Tabelle entnommen (nötigenfalls wieder der Zwischenwert berechnet) und mit dem Radius R multipliziert. Wir müssen wieder für $\alpha = 56°$ den Wert $Z_H = 0{,}1171$ entnehmen, für $\alpha = 55°$ den Wert $Z_H = 0{,}1130$ und finden daraus durch Zwischenwertberechnung für $\alpha = 55{,}594°$ den Wert $Z_H = 0{,}1154$. Damit erhalten wir: $H = Z_H \cdot R = 0{,}1154 \cdot 6540 = 754$ mm.

Die Ergebnisse der ganzen Rechnung sind: $U = 6345$ mm, $u = 4776$ mm, $S = 6099$ mm, $H = 754$ mm, $l_1 = 1619$ mm.

V. Nietverbindungen

Man unterscheidet Festigkeits- und Dichtigkeitsnietungen und verwendet die ersten z. B. bei Eisenkonstruktionen, die lediglich fest zu sein brauchen, Dichtigkeitsnietungen dagegen, die zugleich fest *und* dicht sein müssen, im Kessel-, Behälter- und Rohrleitungsbau. Mit dieser Art haben wir uns hier zu befassen.

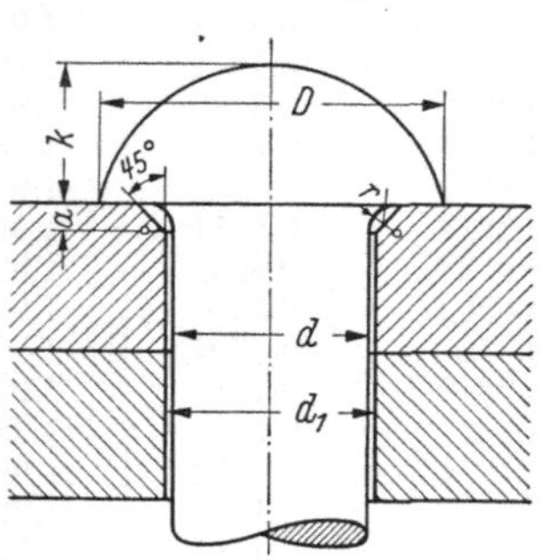

Abb. 45. Kesselbau-Niet. Setzkopf und Schließkopf als Halbrundkopf ausgebildet

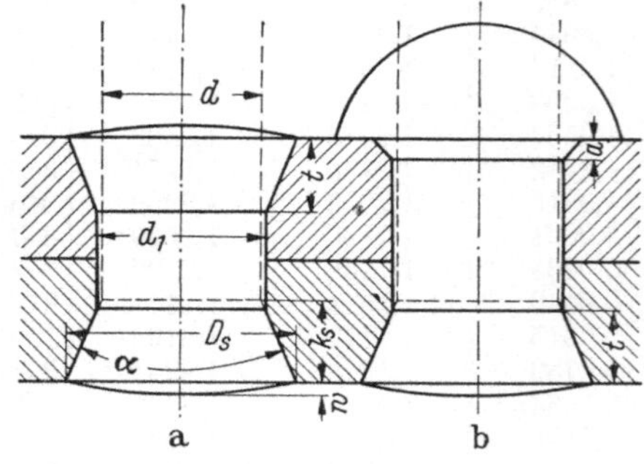

Abb. 46. Kesselbau-Senkniete. *a* Setzkopf und Schließkopf als Senkkopf ausgebildet, *b* Setzkopf als Senkkopf, Schließkopf als Halbrundkopf ausgebildet

50. Die Niete. Die Kesselbauniete mit Halbrundkopf sind in DIN 123 genormt, Senkniete in DIN 302. Ihre Hauptmaße sind in Tabelle 9 wiedergegeben (Abb. 45 und 46). Dabei ist zu beachten, daß der *Nietlochdurchmesser* d_1 stets 1 mm größer ist als der Durchmesser d des Rohnietes. Das im warmen Zustande geschlagene oder besser hydraulisch gepreßte Niet füllt das Nietloch aus, da es gestaucht wird. Deshalb wird für die Festigkeitsberechnung einer Nietverbindung der Lochdurchmesser d_1 als wirksamer Nietdurchmesser zugrunde gelegt. Heftlöcher werden um eine Nummer kleiner gebohrt und nachträglich aufgebohrt oder aufgerieben.

Als Werkstoff für die Niete dürfen im Kesselbau nach den „W-B-V f D" nur Siemens-Martin-Stähle von höchstens 52 kg/mm² Zugfestigkeit und einer Bruchdehnung (δ_5) von mindestens $\frac{1200}{\text{Zugfestigkeit in kg/mm}^2}$ verwendet werden.

Tabelle 9. *Halbrundniete (Abb. 45) nach DIN 123 Bl. 1*[1] *und Senkniete (Abb. 46) nach DIN 302 Bl. 1, 3, 5; Maße in mm*

Nietloch ⌀[2]	d_1	11	13	(15)	17	(19)	21	23	25	28	31	(34)	37
Rohniet ⌀	d	10	12	(14)	16	(18)	20	22	24	27	30	(33)	36
Heftloch ⌀		9	11	13	15	17	19	21	23	25	28	31	34
Nietkopf ⌀[3]	D	18	22	25	28	32	36	40	43	48	53	58	64
Nietkopfhöhe	k	7	9	10	11,5	13	14	16	17	19	21	23	25
Aussenkung a =	r	1	1,6	1,6	2	2	2	2	2,5	2,5	3	3	4
Senkkopf ⌀	D_s	14,5	18	21,5	26	30	31,5	34,5	38	42	42,5	46,5	51
Senkkopfhöhe	k_s	3	4	5	6,5	8	10	11	12	13,5	15	16,5	18
Wölbungshöhe	w	1	1	1	1	1	1	2	2	2	2	2	2
Senktiefe	t	2,3	3,3	4,3	5,9	7,2	9,1	10	11,3	12,2	13,9	15,1	16,9
Aussenkwinkel	α			75°				60°				45°	

[1] s. Anmerkung zu Tabelle 1, S. 10.

[2] Nach DIN 123 Bl. 1 sind die eingeklammerten Größen möglichst zu vermeiden.

[3] Der Nietkopfdurchmesser D wird in der Praxis gewöhnlich etwas größer. Da außerdem der am Nietkopf haftende Grat noch hinzukommt, wird daher der Vorzeichner beim Einteilen von Endteilungen zwei Nietlochdurchmesser als Nietkopfdurchmesser annehmen. — Senktiefe t bei $d_1 = 31 - 37$ in Praxis mindestens $^1/_2$ Blechdicke.

51. Nietungen im Dampfkessel-, Behälter- und Apparatebau. Bei Dampfkesseln und Druckgefäßen, auf die sich die „W-B-V f D" beziehen und die der Bauüberwachung unterliegen, werden alle Abmessungen der Vernietung auf Festigkeit berechnet und vor Beginn der Werkstattarbeit vom zuständigen Sachverständigen geprüft. Vom Vorzeichner dürfen diese Abmessungen, wenn erforderlich, demnach nur mit Genehmigung der zuständigen Prüfstelle abgeändert werden. Bei einer Bauprüfung werden z. B. Nietteilungen geprüft, indem 10 Teilungen in einer Linie gemessen werden; dadurch sind Abweichungen in der Teilung leicht festzustellen.

Es gibt *Überlappungs-* und *Doppellaschen*nietungen. Bei Überlappungsnietungen liegen die Bleche übereinander, bei Laschennietungen werden sie stumpf gestoßen und durch außen und innen übergelegte Laschen verbunden. Festigkeitsmäßig haben die Doppellaschennietungen den Vorteil, daß dabei die Blechenden doppelt gefaßt werden und keine Biegung erleiden. Sie werden auch durch die Vorschriften günstiger beurteilt: der in die Formel zur Berechnung der Blechdicke einzusetzende Sicherheitsbeiwert ist für Doppellaschennietungen kleiner als für Überlappungsnietungen.

Für die Festigkeit einer Nietverbindung kommt neben der Festigkeit der Niete vor allem die des Bleches in Betracht. Je enger die Nietteilungen, desto fester ist die Nietung an sich, aber desto mehr wird das Blech durch die Nietlöcher geschwächt. Nimmt man stärkere Niete, so kann die Teilung weiter werden. Bei Dichtigkeitsnietungen darf jedoch der Abstand zwischen zwei Nieten nicht zu groß sein, weil sich das Blech dazwischen sonst aufwerfen kann und schwer dicht zu stemmen ist. Ähnlich ist es bei zu großem Abstande der Niete vom Rande. Andererseits erschweren zu geringer Randabstand und zu enge Nietteilung das Bilden des Schließkopfes und das Verstemmen.

Tabelle 10. *Nietungen im Kessel- und Behälterbau, Maße in mm*

Abb.	Bezeichnung	Laschen s_1	Nietloch d_1	Nietteilung t	Abstand[1] e_1
	Überlappungsnietungen				
47	einreihig	—	$\sqrt{50\,s}-4$	$2\,d_1+8$	—
48	zweireihig	—		$2{,}6\,d_1+15$	$0{,}6\,t$
49	zweireihig	—		$2{,}6\,d_1+10$	$0{,}8\,t$
50	dreireihig	—		$3\,d_1+22$	$0{,}5\,t$
	Doppellaschennietungen				
51	einreihig	$0{,}6$—$0{,}7\,s$	$\sqrt{50\,s}-5$	$2{,}6\,d_1+10$	—
52	eineinhalbreihig	$0{,}8\,s$	$\sqrt{50\,s}-6$	$5\,d_1+15$	$0{,}4\,t$
53	zweireihig	$0{,}8\,s$	$\sqrt{50\,s}-6$	$5\,d_1+15$	$0{,}4\,t$
54	zweireihig	$0{,}6$—$0{,}7\,s$	$\sqrt{50\,s}-6$	$3{,}5\,d_1+15$	$0{,}5\,t$
55	zweieinhalbreihig	$0{,}8\,s$	$\sqrt{50\,s}-7$	$6\,d_1+20$	$0{,}3\,t$

[1] Abb. 47—55: $e = 1{,}5\,d_1$; Abb. 51—55: $e_3 = 1{,}35\,d_1$; Abb. 55: $e_2 = 0{,}38\,t$.

Tabelle 11. *Überlappungsnietungen, Maße in mm*

Nietlochdurchmesser / Blechdicke s	d_1 / bis	11 / 4,5	13 / 6,5	15 / 8	17 / 9,5	19 / 11,5	21 / 13,5	23 / 15,5	25 / 18,5	28 / 22,5	31 / 26,5	34 / 31,5
Abb. 47	t	30	34	38	42	46	50	54	58	64	70	76
	e	17	20	23	26	29	32	35	38	42	47	51
	$ü$	34	40	46	52	58	64	70	76	84	94	102
Abb. 48	t	44	49	54	59	65	70	75	80	88	96	104
	e	17	20	23	26	29	32	35	38	42	47	51
	e_1	26	29	32	36	39	42	45	48	53	57	62
	$ü$	60	69	78	88	97	106	115	124	137	151	164
Abb. 49	t	39	44	49	54	60	65	70	75	83	91	99
	e	17	20	23	26	29	32	35	38	42	47	51
	e_1	31	35	39	43	48	52	56	60	66	72	79
	$ü$	65	75	85	95	106	116	126	136	150	166	181
Abb. 50	t	55	61	67	73	79	85	91	97	106	115	124
	e	17	20	23	26	29	32	35	38	42	47	51
	e_1	28	31	34	37	40	43	46	49	53	57	62
	$ü$	90	102	114	126	138	150	162	174	190	208	226

Die *Nietstärke* d_1 muß in einem bestimmten Verhältnis zur *Blechdicke* s stehen, denn das Niet soll, wenn es sich beim Erkalten zusammenzieht, die Bleche so fest aufeinander pressen, daß ihr Reibungswiderstand gegen Gleiten größer ist als die Kraft, die im Betrieb die Bleche gegeneinander zu verschieben bestrebt ist. *Erfahrungswerte* für die zu den Blechstärken s passenden Nietlochdurchmesser d_1 sind in Tabelle 10 durch Formeln angegeben. Diesen Formeln ensprechen auch die in den Tabellen 11 und 12 enthaltenen Zahlen für die Blechstärke s, die für den Konstrukteur ein Anhalt sind (vgl. Abschn. 52).

Auch für die übrigen Maße der Nietverbindungen gibt es Erfahrungsformeln. Sie sind ebenfalls in Tabelle 10 angegeben, die Tabellen 11 und 12 sind danach berechnet worden. In den „W-B-V f D" steht unter Ziffer 22.3: „Bei Doppellaschennietung sind die Stemmkanten so anzuordnen, daß sie nicht unmittelbar einander gegenüberliegen". Deshalb ist in den Abb. 51, 53 und 54 die Breite der Innenlaschen b_i etwas größer als die der Außenlaschen b_a.

Tabelle 12. *Doppellaschennietungen, Maße in mm*

Nietdurchmesser	d_1	11	13	15	17	19	21	23	25	28	31	34
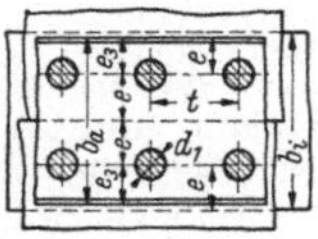 Abb. 51	s bis	5,5	7	8,5	10,5	12,5	14,5	16,5	19,5	23,5	28	31,5
	t	39	44	49	54	60	65	70	75	83	91	99
	e	17	20	23	26	29	32	35	38	42	47	51
	e_3	15	18	20	23	26	28	31	34	38	42	46
	b_a	64	76	86	98	110	120	132	144	160	178	194
	b_i	68	80	92	104	116	128	140	152	168	188	204
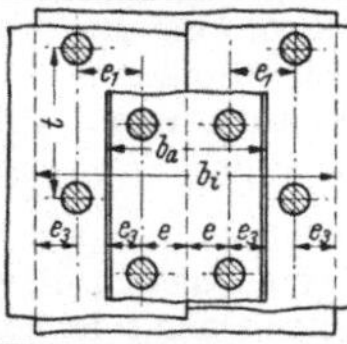 Abb. 52	s bis	6	7,5	9,5	11,5	13,5	15,5	18	21	25,5	29,5	34,5
	t	70	80	90	100	110	120	130	140	155	170	185
	e	17	20	23	26	29	32	35	38	42	47	51
	e_1	28	32	36	40	44	48	52	56	62	68	74
	e_3	15	18	20	23	26	28	31	34	38	42	46
	b_a	64	76	86	98	110	120	132	144	160	178	194
	b_i	120	140	158	178	198	216	236	256	284	314	342
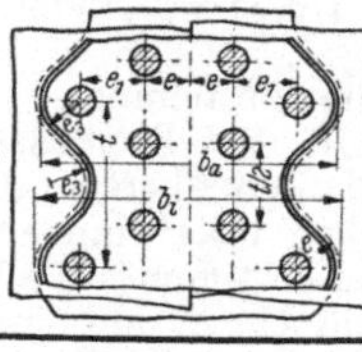 Abb. 53	s bis	6	7,5	9,5	11,5	13,5	15,5	18	21	25,5	29,5	34,5
	t	70	80	90	100	110	120	130	140	155	170	185
	e	17	20	23	26	29	32	35	38	42	47	51
	e_1	28	32	36	40	44	48	52	56	62	68	74
	e_3	15	18	20	23	26	28	31	34	38	42	46
	b_a	120	140	158	178	198	216	236	256	284	314	342
	b_i	124	144	164	184	204	224	244	264	292	324	352
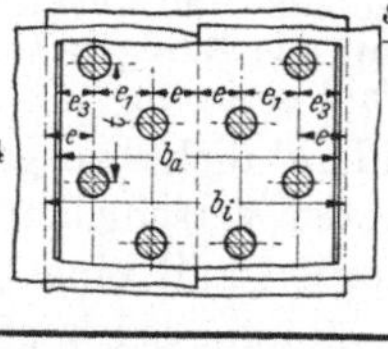 Abb. 54	s bis	6	7,5	9,5	11,5	13,5	15,5	18	21	25,5	29,5	34,5
	t	54	61	68	75	82	89	96	103	113	124	134
	e	17	20	23	26	29	32	35	38	42	47	51
	e_1	27	30	34	37	41	44	48	51	56	62	67
	e_3	15	18	20	23	26	28	31	34	38	42	46
	b_a	118	136	154	172	192	208	228	246	272	302	328
	b_i	122	140	160	178	198	216	236	254	280	312	338
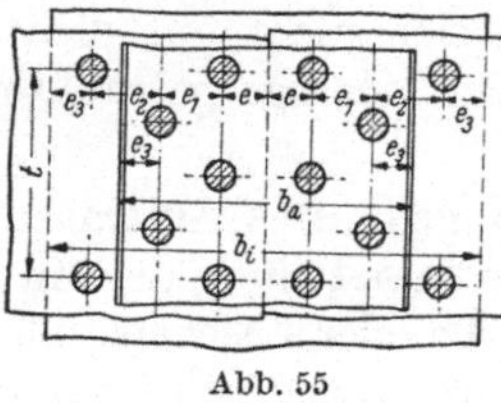 Abb. 55	s bis	7	8,5	10,5	12,5	14,5	16,5	19	22	26,5	31	36
	t	86	98	110	122	134	146	158	170	188	206	224
	e	17	20	23	26	29	32	35	38	42	47	51
	e_1	26	29	33	37	40	44	47	52	57	61	66
	e_2	33	37	42	46	51	55	60	65	72	78	85
	e_3	15	18	20	23	25	28	31	34	38	42	46
	b_a	116	134	152	172	190	208	226	248	274	300	326
	b_i	182	208	236	264	292	318	346	378	418	456	496

Beispiel für die Berechnung einer gewöhnlichen Überlappungsnietung. In Abb. 56 ist eine Verbindung von 3 Blechen dargestellt. Die Blechstärke s sei 7,5 mm, dann ergibt sich nach Tabelle 11: Nietdurchmesser $d_1 = 15$ mm, Nietteilung $t = 38$ mm, Nietabstand vom Blechrand $e = 23$ mm.

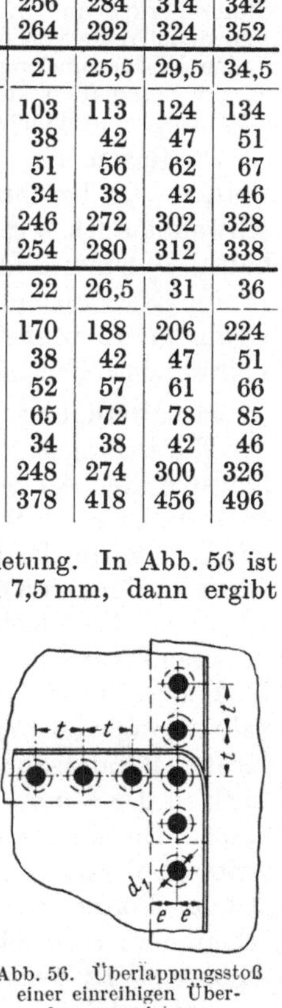

Die Berechnung von Nietteilungen bei *Rundnähten* bezieht sich immer auf den Umfang, den der lichte Durchmesser des Behälters ergibt. Die Rundnahtteilung darf von der in Tabelle 10 nach der Formel berechneten um 10% abweichen und ist so einzurichten, daß das Umfangsstichmaß voll mit der Teilung aufgeht. Allerdings soll die Rundnahtteilung nicht kleiner gewählt werden, damit im Innern der Behälter die Nietköpfe nicht zu eng nebeneinander zu liegen kommen. Auch bei *Längsnähten* wird sich in den seltensten Fällen das Längenstichmaß mit der Teilung decken, d. h. ohne Rest darin aufgehen. Die Nietteilung soll dann möglichst größer, als die Tabelle ergibt, gewählt und dem Stichmaß der Längsnaht angepaßt werden.

Abb. 56. Überlappungsstoß einer einreihigen Überlappungsnietung

Bei der Vernietung von *Domkrempen* mit dem Kesselmantel werden die in Tabelle 11 angegebenen Werte der Nietteilung um 10% enger ausgeführt und der Abstand e_1 (Abb. 57) 15% weiter genommen. In der von der Blechkante am weitesten entfernten Nietreihe wird je ein Nietloch ausgespart.

Abb. 57. Vernietung der Dom- oder Stutzenkrempen

52. Verschwächungsbeiwert. Entstanden sind die verschiedenen Arten von Nietungen aus Festigkeits- und Gewichtsüberlegungen. Das Blech wird durch die Nietlöcher geschwächt. Der Blechquerschnitt einer Nietreihe verhält sich zum ungeschwächten Blech wie $(t - d_1) : t$. Dieses Verhältnis bezeichnet man als Verschwächungsbeiwert v, der in die zur Berechnung der Blechdicke vorgeschriebene Formel einzusetzen ist[1].

Beispiel: Einreihige Überlappungsnietung nach Abb. 47, $d_1 = 21$ mm, $t = 50$ mm, also

$$v = (t - d_1)/t = (50 - 21)/50 = 29/50 = 0{,}58,$$

d. h. infolge der Nietlöcher hat das Blech in der Nietnaht nur 0,58 des Querschnittes des ungeschwächten Bleches. Da aber die Blechdicke des Kesselmantels nach der schwächsten Stelle bemessen werden muß, braucht man nun als Blechdicke das $1/0{,}58 = 1{,}72$ fache der Wandstärke einer nahtlosen Kesseltrommel.

Bei den mehrreihigen und den Doppellaschen-Nietungen sind die Nietteilungen größer, dadurch wird der Verschwächungsbeiwert v ebenfalls größer, (z. B. für Doppellaschennietungen nach Abb. 52 u. 53 über 0,8), so daß das Blech entsprechend dünner berechnet wird. Die Grenze liegt dann bei den im Abschn. 51 erwähnten praktischen Überlegungen über Stemmbarkeit und Dichtigkeit. Der Konstrukteur wird also in einem bestimmten Falle verschiedene Arten von Nietungen mit verschiedenen Nietstärken durchrechnen und dann diejenige Nietverbindung für die Ausführung wählen, die den Festigkeits- und Dichtigkeitsansprüchen genügt und zugleich die geringste Blechdicke und damit das geringste Gewicht erfordert, wenn nicht besondere Überlegungen zu einer anderen Wahl zwingen.

53. Gasometer- und Tankdachnietungen müssen besonders dicht ausgeführt werden. Da bei ihnen die Blechstärken nicht viel voneinander verschieden sind, schwankt auch ihre Nietung nicht allzusehr. Die Niete werden kalt eingezogen, haben 7···8 mm Durchmesser und eine Nietteilung von 25···30 mm, bei höchstens 13 mm Randabstand. Die oft sehr dünnen Bleche lassen sich nicht gut dicht stemmen; es werden daher zur Erzielung der Dichtigkeit in Mennige getränkte Leinwandstreifen zwischen den Blechen mit eingenietet.

54. Anordnung von Wechsel- und Laschenkopf-Nietteilungen. Das Auftragen der Nietteilungen auf den abgewickelten Mantel bedingt die Feststellung der Anfangspunkte. An den Ecken der Abwicklung, die die Nietstöße oder Laschenstöße ergeben, ist es nicht so leicht, die Nietteilung zweckmäßig aufzutragen. Es ist nur möglich, wenn der Vorzeichner den Stoß im Geiste deutlich vor sich sieht. Vor allem dürfen keine großen Teilungen entstehen, weil sie das Dichten der Nähte erschweren. Im folgenden sollen die am häufigsten vorkommenden Vernietungsarten in ihren Eckteilungen dargestellt werden.

Beim Einteilen ist besonders darauf zu achten, daß der Anfang der Längsnahtteilung von der Nietrißlinie der Rundnahtteilung so weit entfernt ist, daß für den Randabstand e und den halben Nietkopf genügend Platz bleibt. Das erste Loch in der Längsnaht muß demnach von der Rundnaht um das Maß e und den halben Durchmesser D des Nietkopfes entfernt sein. Diese Entfernung soll im weiteren Verlauf immer mit c bezeichnet werden (s. Abb. 58—61). Es ergibt sich c aus der Formel: $c = e + D/2$. Vorteilhafter ist es allerdings, um später Nacharbeiten zu vermeiden, c etwas größer zu wählen; denn in den meisten Fällen ist schon e nicht genau eingehalten. Besonders aber, um zu vermeiden, daß der

[1] Berechnung des Verschwächungsbeiwertes v bei mehrreihigen Nietnähten siehe „Werkstoff- u. Bauvorschriften für Dampfkessel, Anhang". — Die einfache Rechnung $v = (t - d)/t$ gilt nur für einreihige Nietnähte und für die äußerste Nietreihe von mehrreihigen Nietnähten, die in der Regel die schwächste ist.

Nietkopf allzu nahe an den Blechrand kommt, wo er sich schwer stemmen läßt, macht man c um 3 bis 5 mm größer also $c = e + D/2 + 3 \cdots 5$ mm.

a) *Einreihige Rund- und doppelreihige Längsnaht* (Abb. 58). Schon vor dem Auftragen der Rundnahtteilung muß bestimmt werden, welche Seite der Längsnaht nach außen und welche nach innen verlegt werden soll. Dabei ist die vordere Nietlochreihe der Längsnaht, die an der äußeren Nahtseite liegt und den Abschluß zur Stemmkante bildet, als die äußere Nietlochreihe zu bezeichnen. An der entgegengesetzten Seite der Abwicklung liegt diese Nietlochreihe nach innen und erscheint als Spiegelbild. Diese beiden Nietrißlinien beim *weiten* Schuß beginnen an der Rundnahtteilung mit den Endteilungen c und liegen in einer Linie zu den Anschlußpunkten der Rundnahtteilung. Die parallelen Linien im Abstand e_1 für die Aufnahme der zweiten Nietreihe werden von der äußeren Nietreihe nach innen und von der inneren Nietreihe nach außen gelegt. Die Teilungen können nun mit Spitzzirkel übertragen werden. Auf der inneren Seite der Längsnaht ergibt sich hierbei eine freie Strecke mit der Länge $c + \frac{1}{2}t$, die aber nicht den geringsten Nachteil für die Dichtigkeit der Nietnaht hat, weil sie innen liegt und durch die Abschärfe und Rundnaht gedeckt wird.

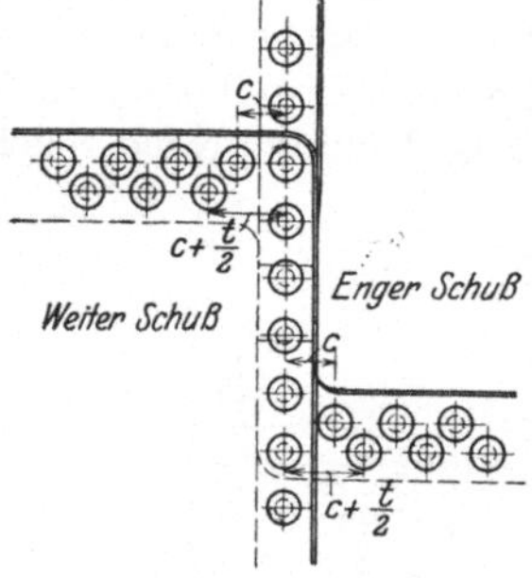

Abb. 58. Nietteilungen bei einreihiger Rund- und doppelreihiger Längsnaht

Beim *engen* Schuß, bei dem die Abschärfen nach außen zu liegen kommen, also dorthin, wo sie gestemmt werden müssen, setzt man die Endteilungen der Längsnaht derartig, daß das erste Nietloch der Längsnaht neben die Abschärfe kommt. Diese Anordnung der Endteilungen ist gerade entgegengesetzt der beim weiten Schuß. Im Inneren des Bundes ergibt sich hier ebenfalls eine weite Teilung, die aber, durch die äußere Dichtigkeit der Abschärfe bedingt, geduldet werden muß. Ein Nachteil ergibt sich aber auch daraus nicht, denn die Hauptsache ist die äußere Dichtigkeit der Nietnaht. Käme allerdings eine derartig weite Teilung nach außen zu liegen, noch dazu an der Abschärfe, so ergäben sich beim Dichten bedeutende Schwierigkeiten.

b) *Doppelreihige Rund- und Längsnaht* (Abb. 59). Vor dem Auftragen der Teilungen wird bestimmt, welche Seite der Längsnaht nach außen verlegt werden soll. Der Anschlußpunkt der Rundnaht zur Längsnaht bildet sich bei dieser Nietung dort, wo die zweite Nietrißlinie der Rundnaht die erste Nietrißlinie der Längsnaht schneidet. Die angeführten Nietrißlinien sind angenommen, wie sie zur Blechabschnittlinie erscheinen. Auf die zweite Nietrißlinie der Rundnaht wird die Rundnahtteilung aufgetragen und die Zwischenteilung nach der ersten Nietrißlinie übertragen. Das Umfangsstichmaß läuft vom ersten Nietriß der Längsnaht zum zweiten an der entgegengesetzten Seite der Abwicklung. Die Endteilungen trägt man auf diese beiden Linien von den Anschlußpunkten der Rundnaht zur Längsnaht ab. An den Ecken der Abwicklung, deren Nähte nach außen liegen, entsteht ein sogenannter voller Wechsel, durch 2 Niete gehalten.

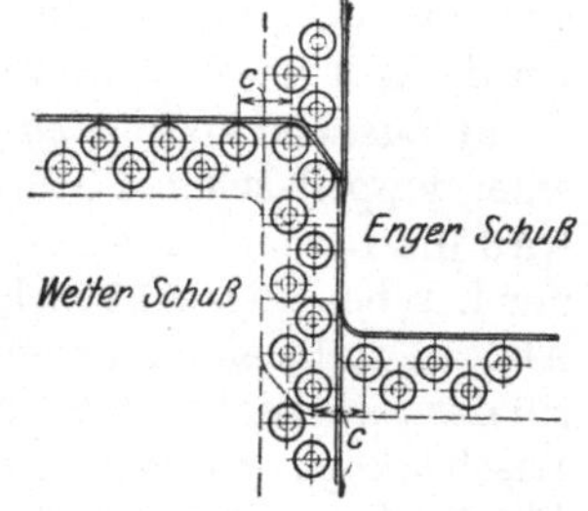

Abb. 59. Nietteilungen bei doppelreihiger Rund- und Längsnaht

An der inneren Seite der Längsnaht auf dem Blech erscheint ein großer leerer Raum, der aber durch die Abschärfe und Rundnahtüberlappung wieder verdeckt wird.

Um beim *engen* Schuß das erste Niet wieder möglichst nahe der Abschärfe zu erhalten, versetzt man die Endteilungen der Längsnaht so, daß man auch im Inneren einen vollen Wechsel erhält. Es ist aber zu beachten, daß die Endteilungen in diesem Falle nicht auf der Linie liegen, die durch das Umfangsstichmaß bestimmt ist, sondern sich nach der Rundnaht richten.

Oft muß beim *kegeligen* Schuß eine Seite der Rundnaht als weiter und die andere Seite als enger Schuß behandelt werden. Dabei verdreht sich eine markierte Linie, die von Kesselboden zu Kesselboden laufen soll, auf dem engen Schuß um eine halbe Teilung. Nach welcher Seite, richtet sich allerdings danach, wie der enge und der weite Schuß angebaut werden. In Werkstätten, wo der Vorzeichner alle Stutzen und Öffnungen schon im geraden Zustand der Abwicklung aufreißen muß, ist diese Verdrehung zu beachten.

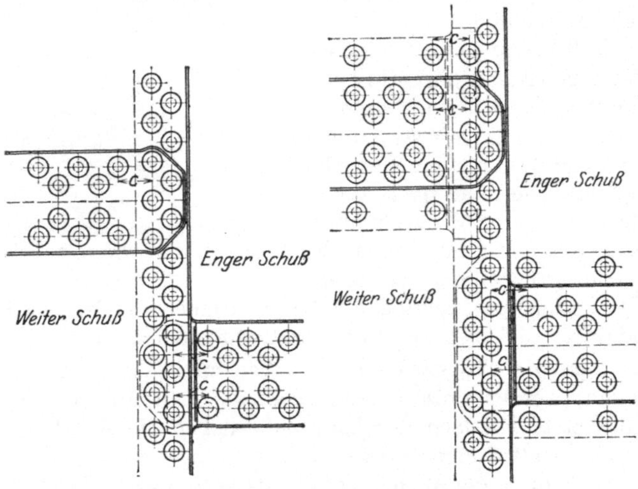

Abb. 60. Laschenkopfnietteilungen bei Doppellaschennietungen

Abb. 61. Laschenkopfnietteilungen bei zweieinhalbreihiger Doppellaschennietung

Der Stoß einer Vernietung mit einreihiger Rund- und dreireihiger Längsnaht oder zweireihiger Rund- und dreireihiger Längsnaht wird behandelt, als wenn die Längsnaht der Vernietungsart der Rundnaht entspräche. Die Anordnung solcher Wechsel ist aus vorstehendem leicht zu ersehen und bedarf keiner weiteren Erklärung. Es würde auch zu weit führen, alle vorkommenden Wechsel zu besprechen.

c) *Laschenkopfnietung.* Aus Abb. 60 ist die Anordnung eines Laschenkopfes einer doppellaschigen Nietung zu ersehen. Um 5 Niete im Laschenkopf zu erhalten, wird die Lasche an der zweiten Nietreihe stumpf ausgezogen, weil sich die Nietung der Laschenlängsnaht nicht mit der Rundnahtteilung deckt. Der Laschenkopf nach Abb. 61 stellt eine zweieinhalbreihige Doppellaschennietung dar, hier hat der Nietriß der Längsnaht einen guten Anschluß zur Rundnaht; es ist nicht notwendig, den Laschenkopf stumpf auszuziehen, denn der Laschenkopf gibt den 5 Nieten genügend Platz. Am engen Schuß wird die Lasche ausgeschärft und unter die Rundnaht geschoben, der Laschenkopf liegt dann im Inneren (vgl. hierzu auch Abschn. 61).

VI. Schweißverbindungen

Die schnelle Entwicklung, die das Schweißen im Kessel- und Apparatebau innerhalb kurzer Zeit genommen hat, verdankt es seinen außergewöhnlichen wirtschaftlichen Vorteilen, nachdem man die dabei auftretenden Wärmespannungen zu beherrschen gelernt hat. Es haben sich in der Hauptsache die Schmelz- und Preßschweißungen eingeführt. Unter *Schmelzschweißung* versteht man die autogene Gasschmelz- und die elektrische Lichtbogenschweißung. Als *Preßschweißung* hat sich die Wassergasschweißung zum Schweißen von Längs- und Rundnähten früher gut bewährt, wird aber heute kaum noch ausgeführt. Zum Anschweißen von Anschlüssen am Kessel- oder Behältermantel wird fast nur das elektrische Lichtbogenschweißen angewendet. Ferner verwendet man das elektrische Lichtbogenschweißen mit gutem Erfolg zum Schweißen von Längs- und Rundnähten der Behälter-, Druckfaß- und Dampffaßmäntel. Das Gasschmelzschweißen wird in Kessel und Apparatebauwerkstätten fast nur noch zum Schweißen von Profilstahlringen und einfachen Blechkonstruktionen mit schwacher Blechstärke angewendet. Nähere Angaben über die Technik des Schweißens findet man im Schrifttum.

Wegen der einfacheren Anordnung der Schweißverbindungen ist das Vorzeichnen von geschweißten Behältern usw. leichter und schneller durchzuführen als bei genieteten Verbindungen.

55. Überlappte Wassergasschweißungen für Längs- und Rundnähte von Kesseltrommeln mit starken Blechstärken. Die zum Schweißen erforderliche Überlappung muß beim Vorzeichnen der Mantelschüsse usw. berücksichtigt werden. Als Überlappung ist das 2fache der Blechstärke erforderlich. Blechstärken unter 15 mm werden an den Abschnittkanten gerade gehobelt und nach Abb. 62 übereinandergelegt verschweißt. Stärkere Bleche erfordern ein Abhobeln des überschüssigen Werkstoffs und müssen zum Schweißen nach Abb. 63 überlappt liegen. Beim Vorzeichnen von Werkstücken, die überlappt geschweißt werden sollen, muß der Vorzeichner daher an jeder Abschnittkante eines Bleches für die Schweißnaht eine Blechstärke als Überlappung zugeben, die bei starken Blechen vor dem Walzen des Mantelschusses einmal von oben und einmal von unten schräg bearbeitet wird.

Abb. 62. Überlappung bei Wassergasschweißungen bis 15 mm Blechstärke

Abb. 63. Überlappung bei Wassergasschweißungen über 15 mm Blechstärke

Sollen Böden oder Formstücke mit dem Mantelschuß durch Wassergasschweißung überlappt verschweißt werden, so wird der Bord der Böden oder Formstücke eingezogen und der Mantelschuß ausgebördelt. Beide Teile werden dann, wie Abb. 64 zeigt, ineinandergesteckt verschweißt. Zu diesem Zweck wird an den Mantelschüssen sowohl als auch an den Böden oder Formstücken eine Kontrollrißlinie vorgezeichnet, um das Einrichten der Teile zu erleichtern. Die zum Schweißen verwendeten Vorrichtungen, die ein Verschieben der Stoßkanten oder der Überlappung beim Schweißen verhindern sollen, sind in jeder Werkstatt verschieden.

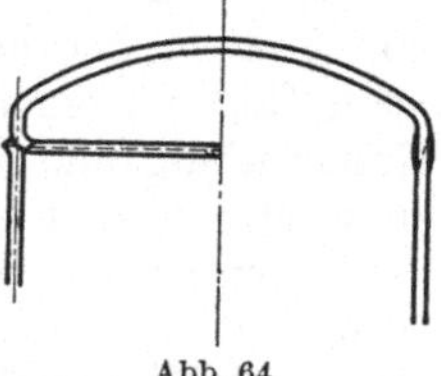

Abb. 64. Wassergasschweißung zum überlappten Einschweißen von Böden. Links Vorbereitung, rechts ausgeführte Schweißung

56. Elektrische Lichtbogenschweißungen[1]. Wie man vom Vorzeichner erwartet, daß er das Nieten auch handwerksmäßig beherrscht, so sollte er auch mit den

[1] In neuerer Zeit wird das Nieten und das Wassergasschweißen im Kesselbau mehr und mehr durch die Verfahren des elektrischen Lichtbogenschweißens verdrängt: Handschweißen mit Mantelelektroden, automatisches und halbautomatisches Schweißen unter Pulver (Ellira-schweißen) und das Schutzgasschweißen unter Argon (Argonarc- und Sigma-Verfahren). In dem vorliegenden Buche können mit Rücksicht auf den beschränkten Platz nur kurze grundsätzliche Angaben gemacht werden. Deshalb sei als Einführung in das Lichtbogenschweißen das Heft 74 dieser Sammlung genannt: R. Hesse, Praktische Regeln für den Elektroschweißer. Ferner wird für interessierte Leser auf einige Aufsätze der Zeitschrift „Schweißen und Schneiden“ hingewiesen, die auch noch weiteres Schrifttum angeben:

1. Jgg. 1953, H. 5, S. 173: W. Dörrscheid: Neue Vorschriften und Richtlinien für das Schweißen von Dampfkesseln und Druckbehältern. Der Verfasser bringt auch zahlreiche Beispiele zweckmäßiger Schweißverbindungen.
2. Jgg. 1953, H. 6, S. 211: F. Gentner: Die Glühbehandlung lichtbogengeschweißter Kesselnähte.
3. Jgg. 1953, H. 11, S. 427: E. Wiese: Geschweißte Flanschen, Warzen und Stutzen.
4. Jgg. 1955, H. 6, S. 257: W. Rädeker: Die Anwendung des Schweißens im Behälter- und Rohrleitungsbau und bei der Rohrherstellung.
5. Jgg. 1955, H. 6, S. 262: R. Quack: Die Anwendung des Schweißens im neuzeitlichen Kessel- und Druckbehälterbau.
6. Jgg. 1956, H. 1, S. 14: E. Jahn: Elektroschweißen im Kessel- und Rohrleitungsbau.

Grundlagen des elektrischen Schweißens vertraut sein. Deshalb sei hier ganz kurz auf einige wichtige Erscheinungen beim Schweißen eingegangen. Das beim Lichtbogenschweißen in die Naht eingefügte flüssige Material und die angeschmolzenen Ränder der Naht schrumpfen beim Erkalten und erzeugen Spannungen quer zur Naht, vor allem aber auch in Richtung der Naht. Außerdem wird das Blech unmittelbar neben der Naht durch die Wärme der Schweißnaht stark erwärmt, im nächsten Augenblick aber infolge Abfließens dieser Wärme in das Blech schnell wieder abgekühlt, ein Vorgang, der dem Härten eines Stahlwerkzeuges ähnlich ist und auch ähnliche Folgen hat, indem er das Gefüge des Bleches längs der Schweißnaht ungünstig verändert. Diesen Erscheinungen, den Schrumpfspannungen, die zu Rissen führen können, und den Gefügeänderungen, die Versprödungen des Materiales zur Folge haben können, ist daher große Beachtung zu schenken. Dazu kommen noch Fehler, die in der Schweißnaht selbst entstehen können: Schlackeneinschlüsse, mangelhafte Verschweißungen an den Nahträndern und zwischen den verschiedenen Schweißraupen, auch Gasblasen. Zum Auffinden solcher Fehler wird die Schweißnaht einer zerstörungsfreien Prüfung mit Röntgenstrahlen (s. Normblatt DIN 54 111) oder mit Ultraschallgeräten unterworfen.

Beim Schweißen ist die Geschicklichkeit und Gewissenhaftigkeit des Schweißers von großem Einfluß. Deshalb werden nur solche Firmen zum Schweißen von Dampfkesseln zugelassen, die über geprüfte Kesselschweißer und Einrichtungen zur Nahtprüfung und Wärmebehandlung (spannungsfrei Glühen oder Normalglühen) entsprechend den „W-B-V f D“ verfügen. Sind diese Bedingungen erfüllt, so sind die Schweißnähte bei der Berechnung der Blechdicke mit einem Verschwächungsbeiwert $v = 0{,}8$ zu bewerten (vgl. Abschn. 52). Darüber hinaus kann die Werkstatt mit Einverständnis des zuständigen Sachverständigen auf Grund einer besonderen Prüfung (Höherwertigkeitsprüfung) für die Bewertung der Schweißnähte mit dem Verschwächungsbeiwert $v = 1$ zugelassen werden. Dafür ist das Vorhandensein von Geräten zur zerstörungsfreien Prüfung der Schweißnähte (Röntgenapparat) Bedingung.

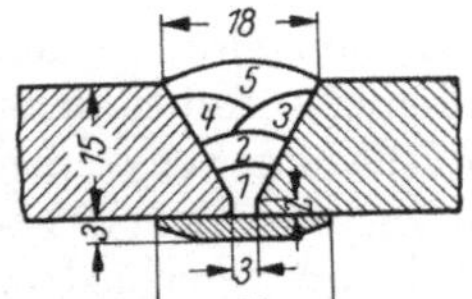

Abb. 65. Beispiel einer von der Rückseite nicht zugänglichen Stumpfschweißung (V-Naht) mit Angabe der Reihenfolge für die Schweißraupen

Bei *Stumpfnahtschweißungen* (Abb. 67 u. 68, S. 50) besteht die Gefahr, daß die Grundraupe nicht einwandfrei bindet und daraus Kerben entstehen, die zu Dauerbrüchen Anlaß geben. Deshalb wird die Grundraupe, wenn die Naht von einer Seite fertig geschweißt ist, von der Rückseite ausgekreuzt oder mit dem Fugenhobler ausgebrannt und dann von dieser Seite geschweißt. Wenn eine Naht fertig geschweißt ist, was bei dickeren Blechen stets mit mehreren übereinander gelegten Raupen geschieht, wird noch eine Deckraupe aufgelegt, durch deren Wärme die darunter liegenden Schweißraupen vergütet werden. Die Deckraupe wird nachher weggeschliffen, so daß die endgültige Schweißnaht die Dicke des Bleches hat.

Stumpfschweißnähte, die von der Rückseite nicht zugänglich sind und deren Grundraupe daher nicht nachgeschweißt werden kann, schützt man dadurch vor Kerben, daß man von der Rückseite ein Flacheisen von rd. 20 mal 3 mm Querschnitt anbringt, das mit verschweißt wird. Der Spalt im Grunde des Stoßes beträgt dabei 2 bis 3 mm (Abb. 65). Das Flacheisen wird vor dem Schweißen an einer der beiden Stoßseiten geheftet (vgl. Abschn. 87).

Wenn auch bei Kesseln, Behältern und Apparaten in der Regel die geschweißte Ausführung vom Konstrukteur in allen Einzelheiten festgelegt wird, so bleibt dem Vorzeichner doch noch viel zu tun, die Teile schweißgerecht vorzubereiten und in der Schweißfolge Anordnungen zu treffen, um die Schweißspannungen so aufzufangen, daß sie ohne schädlichen Einfluß bleiben, denn nicht alle Bauteile kann man in den Glühofen bringen. In vielen Fällen kann man sich so helfen, daß man das Blech vorwärmt, so daß es nach dem Schweißen zugleich mit der Schweißnaht schrumpft und die Spannungen vermindert werden. Dazu gehören aber große Erfahrungen. Möglichst entspannt man auf diese Weise die Einzelteile vor dem Zusammenbau. Wenn es angängig ist, läßt man für den Zusammenbau nur kurze Nähte nach oder solche, die dem Stück gute Schrumpfmöglichkeiten bieten.

In besonderen Fällen ist es auch zulässig, wenn Bauart oder Größe ein Ausglühen des ganzen Werkstückes nicht gestatten, mit Gasbrennern, die beiderseits der Naht das Blech auf eine Breite von 6mal Blechdicke bestreichen, möglichst von innen und außen zugleich, so zu glühen, daß eine Verlagerung der Wärmespannungen in Biegungsbeanspruchte Teile, z. B. Krempen, vermieden wird. Beim Einschweißen einzelner kleiner Kesselteile kann von einer Glühbehandlung abgesehen werden.

Bei *Ausbesserungs-Schweißungen*, wenn Blechstücke (Flicken) in ebene Wände eingesetzt werden müssen, ist besondere Vorsicht geboten. Der Flicken muß genau passen, alle Ecken müssen gut gerundet sein. Durch das Schrumpfen der erkaltenden Schweißnaht entstehen in der Mitte des Flickens große Zugspannungen, die zu Rissen führen können. Bringt man aber in der Mitte des Flickens eine seiner Größe entsprechende Bohrung an, so kann das Blech den strahlenförmig von der Mitte zur Schweißnaht verlaufenden Spannungen nachgeben und sich rißfrei verformen. Das Loch wird nachher durch einen Flansch oder durch einen Gewindestopfen verschlossen.

Es ist gut, wenn der Vorzeichner über die Vorgänge beim Schweißen unterrichtet ist. Auch sollte er über die Prüfverfahren mit Röntgenstrahlen und Ultraschall soviel wissen, daß er die Ergebnisse der Schweißnahtuntersuchungen beurteilen kann. Ferner muß er den Schweißern, falls der Schweißfachingenieur nicht zur Stelle ist, Anweisungen über Schweißfolge, Art und Stärke der anzuwendenden Elektroden, Stromstärke, etwaiges Vorwärmen und Schweißzeit geben können.

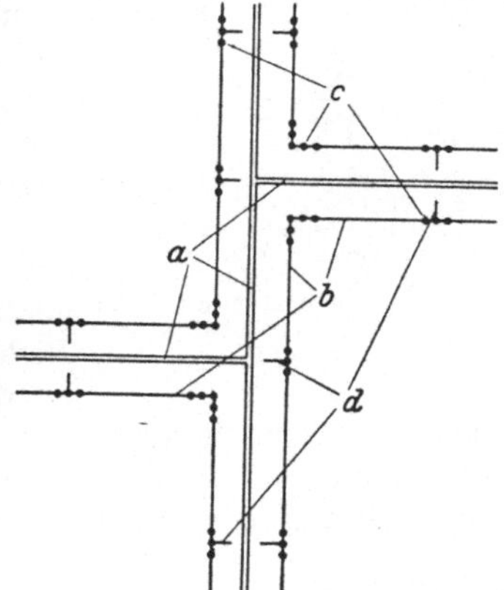

Abb. 66. Vorzeichnen von Schweißverbindungen
a Schweißnähte, *b* Kontrollrißlinien, *c* Körnerpunkte, *d* Richtpunkte

57. Kontrollrißlinien und Richtpunkte (Abb. 66.) Bei genieteten Werkstücken dient die Abschnittlinie der Formstücke oder abgewickelten Mantelschüsse gewöhnlich als Stemmkante der Nietung und läuft parallel zur Nietrißlinie. Wird ein Werkstück geschweißt, so ist die Abschnittlinie die Stoßkante der Schweißnaht und wird dementsprechend nach dem gewünschten Nahtprofil bearbeitet. Zur Kontrolle der Bearbeitung der Stoßkanten müssen dann, an Stelle der Nietrißlinien, *Kontrollrißlinien* parallel zur Abschnittlinie der Formstücke oder abgewickelten Mantelschüsse vorgezeichnet werden. Der Abstand der Kontrollrißlinie von der Abschnittlinie wird gewöhnlich zu 50 mm gewählt und soll, um Irrtümer zu vermeiden, immer gleich gehalten sein. Die Kontrollrißlinie wird in Abständen von 200 bis 300 mm durch Körnerpunkte unverwischbar auf den Werkstücken festgehalten, sie dient dadurch bis zur Fertigstellung des Werkstückes immer wieder als Ausgangslinie für die verschiedensten Messungen.

Zum Heften und Zusammenbau der zu schweißenden Werkstücke müssen *Richtpunkte* festgelegt werden. Zu diesem Zweck werden die Kontrollrißlinien ähnlich wie die Nietrißlinien (Abschn. 29) eingeteilt und die Teilungen von ungefähr 300 bis 400 mm Abstand durch Meißelhiebe gekennzeichnet. Beim Zusammenbau der einzelnen Bleche, Formstücke oder Mantelschüsse usw. sollen die Richtpunkte dann so zusammengebracht werden, daß sie auf Umfang oder Länge nebeneinander zu liegen kommen. Beim Einteilen der Richtpunkte muß der Vorzeichner darauf achten, daß die Schweißnähte zueinander versetzt angeordnet liegen und keine Kreuznähte entstehen. Ferner muß die Lage der Schweißnähte so sein, daß keine Stutzen usw. auf die Schweißnähte zu stehen kommen.

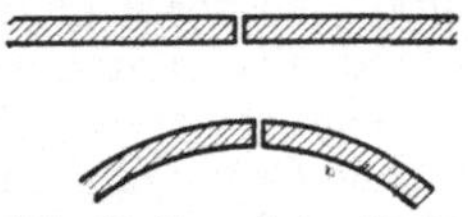

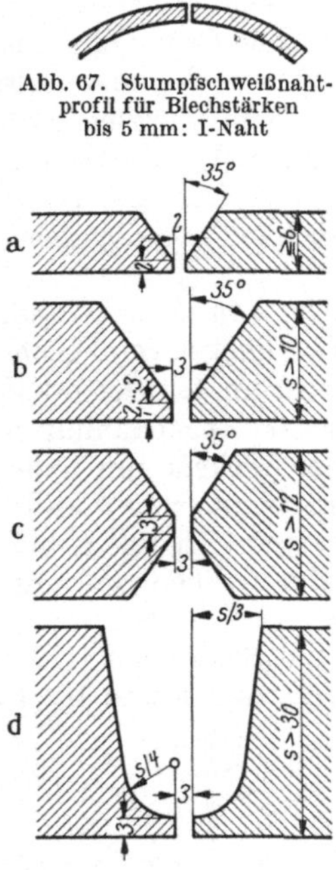

Abb. 67. Stumpfschweißnahtprofil für Blechstärken bis 5 mm: I-Naht

Abb. 68. Stumpfschweißnahtprofile für Blechstärken über 5 mm: *a* und *b* V-Nähte, *c* X-Naht (Vorteil: Volumen 50% kleiner als bei V-Naht), *d* U-Naht für große Blechdicken. Ausführlich siehe Formen und Bezeichnungen in DIN 1912

58. Stumpfnahtschweißungen. Die zwei zu verschweißenden Teile liegen in der gleichen Ebene (Abb. 67 u. 68). Die Stoßkanten werden parallel zur Kontrollrißlinie bearbeitet, und zwar abhängig von der Blechstärke nach I-, V-, X- oder U-Nahtprofil. Zwischen den Stoßkanten der Schweißnähte wird zum besseren Durchschweißen ein Zwischenraum von 2 bis 3 mm gehalten. Werden zu einem Mantelschuß usw. mehrere Bleche zusammengeschweißt, so wird der Schuß gewöhnlich erst nach dem Schweißen auf genaues Maß vorgezeichnet und zugeschnitten; ist das nicht möglich, so muß zur Einhaltung der errechneten Abmessungen der oben angeführte Zwischenraum für jede Rund- oder Längsschweißnaht mit in Rechnung gestellt werden. Der Vorzeichner muß zum Bearbeiten der Stoßkanten angeben, welche Abschnittkante eines Werkstückes als Schweißnaht und nach welchem Profil die Stoßkante bearbeitet werden soll.

59. Eckschweißungen (Abb. 69) soll man vermeiden. Soweit es die Abmessungen eines Werkstückes zulassen, werden die Ecken von kantigen Werkstücken gebogen oder gedrückt. Die Schweißnähte werden dann in einigem Abstand von der Ecke als Stumpfnähte (Abb. 70) ausgebildet. Das gilt ganz besonders für Druckgefäße. Die Böden von Dampfkesseln schweißt man so an den Mantel an, daß die Schweißnaht unbedingt im zylindrischen Teil der Bodenkrempe liegt (Abb. 71), weil in der Ecke bei Temperatur- und Druckschwankungen erhöhte Materialbeanspruchungen auftreten. Aus Festigkeitsgründen sind Schweißungen nach Abb. 70 u. 71 stets besser als Eck- und Kehlschweißungen.

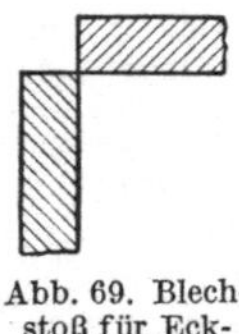

Abb. 69. Blechstoß für Eckschweißungen

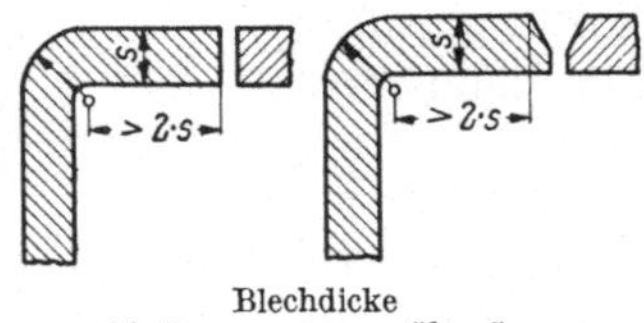

Blechdicke
bis 5 mm über 5 mm

Abb. 70. Richtige Lage der Schweißnaht bei abgekantetem Blech

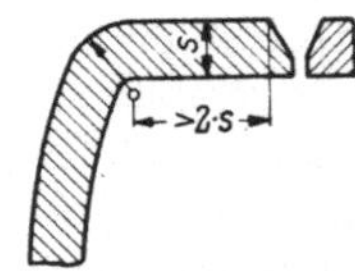

Abb. 71. Anschweißen eines gekümpelten und gebördelten Bodens an einen zylindrischen Schuß: Schweißnaht muß bei der Bodenkrempe im zylindrischen Teil liegen, mindestens 2 Wanddicken von dem gekrümmten Teil entfernt

60. Stutzenschweißungen. Bei Mantelschüssen mit großer Blechdicke werden Rohrstutzen nach Abb. 72 vorgerichtet und in den Mantelschuß eingeschweißt. Das Loch im Mantelschuß zur Aufnahme des Rohrstutzens wird 5 mm größer als der äußere Durchmesser des Stutzenrohres ausgeschnitten. Ist die Blechstärke des

Mantelschusses nicht so stark, ungefähr bis 15 mm, so wurde früher der Mantelschuß ausgehalst und der Stutzenmantel stumpf mit dem Mantelschuß verschweißt. Diese Ausführung bewirkt aber eine erhebliche Schwächung des Kesselmantels, weil der durch das Loch verloren gegangene Querschnitt nicht ersetzt wird. Deshalb schneidet man heute ein glattes Loch vom lichten Durchmesser des Anschlußstutzens in den Mantel und bringt ein Hilfsblech an, das außen um Flanschbreite

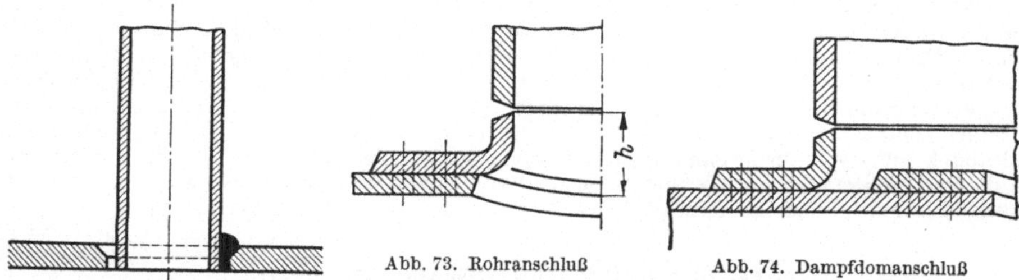

Abb. 72. Einschweißen von Rohrstutzen in starke Mantelbleche

Abb. 73. Rohranschluß

Abb. 74. Dampfdomanschluß

Abb. 73 u. 74. Anschweißen von größeren Rohren und Dampfdomen unter Verwendung eines ausgehalsten, dem Kesselmantel durch Walzen angepaßten und aufgenieteten Hilfsbleches, um Anrichten zu vermeiden

größer ist als der Außendurchmesser des Stutzens, der Krümmung des Kesselmantels entsprechend gewalzt und in der Mitte zum Anschweißen des Stutzens ober bei Dampfkesseldomen des Dommantels ausgehalst ist (Abb. 73 u. 74). Der Flansch, der infolge des Walzens keine Schlagstellen hat und dem Kesselmantel besser anliegt, wird aufgenietet. Er muß denselben Querschnitt haben wie das halbe Loch. Für Dampfdome ist diese Ausführung in allen Fällen zu empfehlen. Hier ist jedoch das Loch im Kesselmantel, um diesen möglichst wenig zu schwächen, wesentlich kleiner als der Durchmesser des Domes (s. Abb. 84, S. 57); auf den Rand dieses Loches muß ein Verstärkungsring aufgenietet oder aufgeschweißt werden, der den durch das Loch entstandenen Querschnittsverlust des Mantels ersetzt.

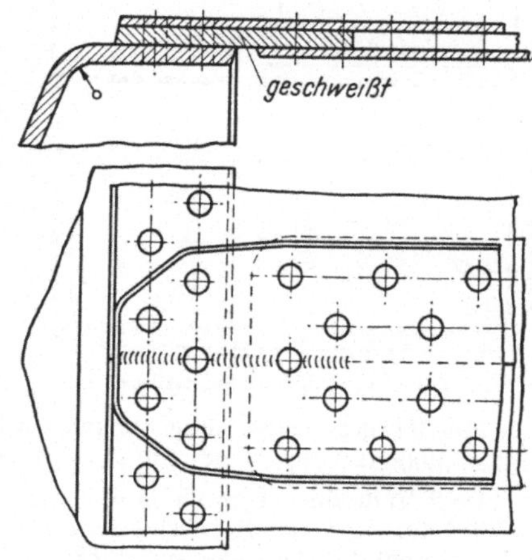

Abb. 75. Beispiel einer Endschweißung an einer Laschennaht

Das Loch in dem Hilfsblech muß um wenigstens die doppelte Stutzenhalshöhe h kleiner ausgeschnitten werden als der lichte Stutzendurchmesser, damit das Material zum Aushalsen vorhanden ist. Beim Aushalsen wird die Wandstärke des Stutzenhalses etwas kleiner, weil das Material gereckt wird.

61. Endschweißungen an Laschennähten. Die Maße werden auf derjenigen Seite des geraden Bleches angezeichnet, die nachher Außenseite des Mantels wird. In dem *Beispiel* Abb. 75 wird die zu walzende Blechlänge nach dem Umfang des fertigen Kesselbodens bestimmt und dann die Nietteilung für die Rundnaht zum Einnieten des Bodens vorgezeichnet und angekörnt (vgl. Abschn. 51: Rundnähte). Darauf wird das Blech gewalzt und die Längsnaht am Ende auf eine Länge von rd. 250 mm zum Schweißen vorbereitet, d. h. x-förmig ausgehauen (vgl. Abschn. 58), dann elektrisch geschweißt und die Deckraupen der Schweißnaht innen und außen auf Blechdicke abgeschliffen.

Auf der für die Längsnaht bestimmten Außenlasche wird die Nietteilung vorgezeichnet, dann werden beide Laschen dem Außen- bzw. Innendurchmesser der Trommel entsprechend gebogen, außen bzw. innen aufgelegt und elektrisch geheftet. Nun bohrt man nach der auf der Außenlasche angezeichneten Nietteilung die beiden Laschen und den Kesselmantel zugleich auf den endgültigen Nietlochdurchmesser, löst die Laschen wieder, entgratet die Nietlöcher am Blech und an beiden Laschen und schleift die Haftfläche der Laschen am Mantel und an den Laschen sauber. Dann werden die Laschen wieder aufgelegt, mit Heftschrauben befestigt und genietet, zweckmäßig hydraulisch.

In den so gefertigten Kesselschuß wird der Boden eingesetzt und elektrisch geheftet. Man kann zur Festlegung seiner Lage ringsum einige Blechstücke als Anschlagstücke elektrisch anheften. Heftlöcher wie in Abschn. 67/68 sind dann entbehrlich. Da die Rundnaht auf dem Mantel angezeichnet ist, kann man jetzt die Nietlöcher durch Mantel und Bodenbord zugleich bohren. Für den endgültigen Zusammenbau gibt es zwei Möglichkeiten:

a) Ist der Bodenbord außen zylindrisch auf Maß gedreht und ist der Mantel sauber gewalzt worden, so werden vor dem Einsetzen des Bodens die Haftflächen im Mantel geschliffen und nach dem Einsetzen des Bodens die Nietlöcher gleich auf Größe gebohrt und entgratet, der Boden wird nicht wieder herausgenommen, sondern die Rundnaht gleich fertig genietet.

b) Sind die Voraussetzungen von *a*) nicht gegeben, so werden die Nietlöcher um 3 mm kleiner gebohrt und, nachdem der Mantel warm angerichtet worden ist, aufgerieben. Im Hinblick auf die Wärmespannungen, die beim Anwärmen zum Anrichten in der Krempe auftreten, sollte man das Verfahren nach *a*) vorziehen und gedrehte Böden verwenden, die zwar teurer sind, aber ein einwandfreies Passen und saubere Arbeit verbürgen.

VII. Beispiele und praktische Winke

A. Wasserbehälter

Der in Abb. 76 mit seinen Hauptmaßen dargestellte Wasserbehälter soll vorgezeichnet werden. Der Werkstoff besteht aus 1 Bodenblech, 2 Mantelblechen, 2 Stangen Winkeleisen 70 × 70 × 11 für die Rahmen und den erforderlichen Nieten. Bei derartigen Wasserkästen werden die einzelnen Teile gewöhnlich mit 12 mm-Nieten bei einer Nietteilung von 40⋯45 mm vernietet. Die beiden Längsnähte liegen in der Mitte der Längsseite, es braucht daher nur 1 Mantelblech als Schablone vorgezeichnet zu werden; das zweite wird durchgekörnt.

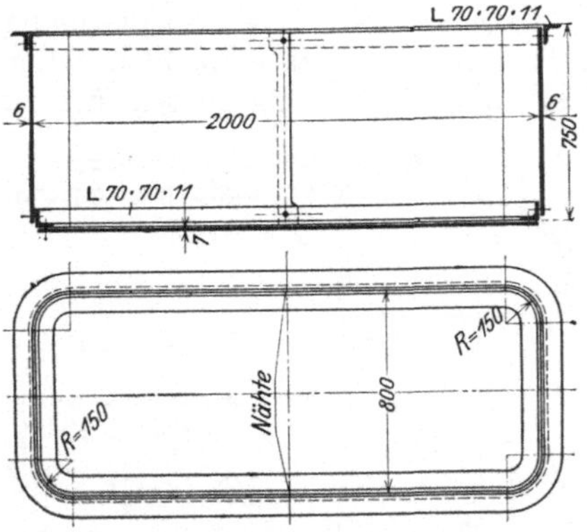

Abb. 76. Genieteter Wasserbehälter

62. Die Blechlänge für den abgewickelten Mantel wird wie folgt berechnet: Allgemein ist der Umfang nach Abb. 77

$$U = (\text{Längenmaß} + \text{Breitenmaß}) \cdot 2 - 8 \cdot R + (2 \cdot R + s) \cdot \pi .$$

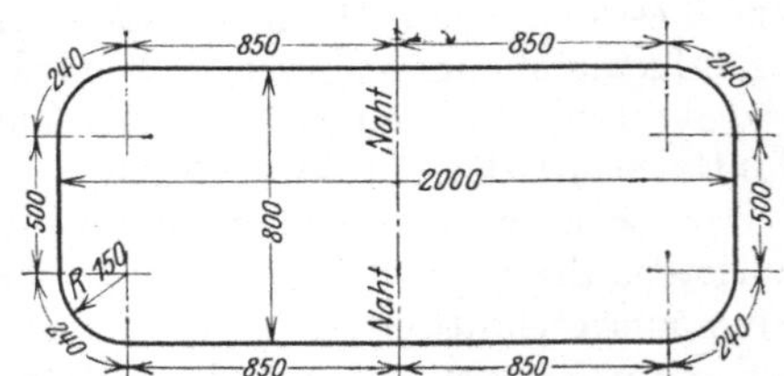

Abb. 77. Streckenbestimmung am Mantelblech

Mit den gegebenen Abmessungen wird:

$$U = (2000 + 800) \cdot 2 - 8 \cdot 150 + (2 \cdot 150 + 6) \cdot 3{,}14 = 5600 - 1200 + 960 = 5360 \text{ mm}.$$

Da 2 Mantelbleche im Umfang vorgesehen sind, wird der Umfang für 1 Blech = 5360 : 2 = 2680 mm und die erforderliche Blechlänge mit Zugabe für die Überlappung und für die Bearbeitung[1] der Blechkanten = 2680 + 40 + 10 = 2730 mm. Für die beiden Mantelbleche ist demnach vom Lager ein Blech 3000 × 1500 × 6 mm zu entnehmen, das in der Breite von 1500 mm beide Mantelbleche enthält und in der Länge einen Abfall von nahezu 300 mm ergibt.

63. Vorzeichnen des Schablonenbleches für den Mantel (Abb. 78). Das Blech wird in üblicher Weise aufgelegt und an den Stellen, wo vorgezeichnet werden soll, geweißt. Im Abstand von 25 mm (halbe Überlappung 20 mm + 5 mm für Bearbeitung der Blechkante) ziehen wir eine gerade Linie parallel zur langen Blechkante, die *Nietrißlinie*, und legen darauf, im Abstand von 25 mm von der kurzen Blechkante, einen Punkt fest, der der Anfangspunkt der Abwicklung ist. In diesem Punkt errichten wir eine Senkrechte, die Nietrißlinie der Längsnaht. Auf ihr tragen wir das Höhenstichmaß ab und ziehen in diesem Abstand eine Parallele zur unteren Nietrißlinie.

[1] Meistens genügen 3 mm Zugabe für die Bearbeitung einer Blechkante, hier sind ohne besonderen Grund 5 mm zugegeben.

Das Höhenstichmaß ergibt sich aus der lichten Höhe — 2 × Wurzelmaß w der Winkel. w ist $= (70 + 11) : 2 = 40{,}5 \approx 40$ mm, das Höhenstichmaß also $= 750 - 80 = 670$ mm.

Von der schon festgelegten Nietrißlinie der Längsnaht werden nun die zum Umfang erforderlichen Strecken nacheinander aufgetragen. Als erste die gerade Strecke von der Längsnaht bis zum Anfang der gebogenen Ecke. Das gerade Maß der Längsseite ist 2000 — 2 × Eckenradius, also 2000 — 300 = 1700 mm. Da die Naht genau in der Mitte liegt, wird nur die Hälfte davon benötigt = 1700 : 2 = 850 mm.

Als zweite folgt das Bogenmaß der gebogenen Ecke von 90°. Der Umfang einer gebogenen Ecke, berechnet auf die neutrale Faser, ist gleich

$$(2 \cdot R + s) \cdot \pi/4 = (2 \cdot 150 + 6) \cdot 3{,}14/4 = 240 \text{ mm}.$$

Als dritte Strecke setzt sich das gerade Maß der Breitseite an, das sich aus 800 — 2 × Eckenradius ergibt zu: 800 — 300 = 500 mm. Als vierte Strecke folgt wieder das Umfangsmaß einer Ecke und als fünfte das gerade Maß der halben Längsseite.

Es wird nun nochmals die Länge der einzelnen Maßabschnitte nachgemessen, wobei auftretende Unterschiede verbessert werden müssen; die ganze Strecke muß den halben Kastenumfang von 2680 mm ergeben. Abb. 78 zeigt die Abwicklung des Schablonenbleches. Die beiden Endpunkte der letzten Maßstrecken werden verbunden und ergeben die Nietrißlinie der gegenüberliegenden Längsnaht.

Nun können zwischen den festgestellten Strecken die Nietteilungen so aufgetragen werden, daß sie sich immer mit einem bestimmten Streckenpunkt decken. Auf der Nietrißlinie, die mit dem oberen Winkelrahmen verbunden wird, wird nur die Hälfte der Nietteilungen aufgetragen, weil diese Nietung nur auf Festigkeit beansprucht wird. Nachdem alle Teilungen, auch die der Längsnaht, aufgetragen und gekörnt sind, werden im Abstand von 25 mm zu den Nietrißlinien die Abschnittlinien gelegt und ebenfalls gekörnt. Zum Schluß wird nochmals alles genau überprüft. Die Angaben für das Behobeln der Stemmkanten, für die Ecken, die ausgeschärft werden müssen, die Lochgröße der Nietlöcher sowie die Radien der gebogenen Kastenecken werden mit Ölfarbe aufgeschrieben.

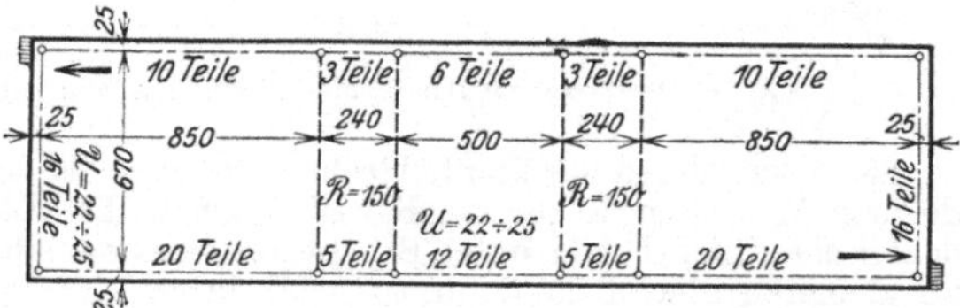

Abb. 78. Abwicklung des Mantelbleches als Schablone

64. Vorzeichnen der Winkelrahmen und des Bodenbleches. Das Vorzeichnen der in der Schmiede auf Maß gebogenen Winkelrahmen ist sehr einfach und braucht nicht weiter behandelt zu werden. Es ist nur zu beachten, daß die Nietteilungen genau mit der Abwicklung übereinstimmen. Die geraden Strecken sind wie bei dem Mantelblech und nach Abb. 77 abzutragen. Für die gebogenen Ecken ergeben sich dann die Bogenmaße ganz von selbst; sie sind nur vergleichsweise mit dem Rollmaß nachzukontrollieren. Der untere Winkelrahmen der nach innen an den Ecken auf 150 mm Radius gebogen ist, muß also $= 2 \cdot R \cdot \pi/4 = 2 \cdot 150 \cdot 3{,}14/4 = 235$ mm Bogenmaß ergeben. Der obere Winkelrahmen ist nach außen auf Radius 156 mm gebogen und muß $(2 \cdot R + 2 \cdot 6) \cdot \pi/4 = (2 \cdot 150 + 2 \cdot 6) \cdot 3{,}14/4 = 245$ mm Bogenmaß aufweisen. Trotzdem die Bogenmaße verschieden und kleiner oder größer als bei der Abwicklung sind, muß in den Ecken die gleiche Anzahl Nietteilungen verhanden sein wie bei der Abwicklung.

Die Nietteilung für die Bodennietung wird vom hochstehenden Schenkel so auf den liegenden Schenkel des Rahmens übertragen, daß alle Nieten versetzt liegen, ähnlich der Zickzackteilung einer doppelreihigen Nietung. Der Boden selbst wird nach dem unteren Winkelrahmen durchgekörnt und danach zugeschnitten.

B. Kesseltrommel mit Dampfsammler und Verbindungsstutzen[1]

Die Kesseltrommel Abb. 79 stellt den Oberkessel mit Dampfsammler und Verbindungsstutzen einer Steilrohrkesselanlage dar. Der Trommelmantel besteht im Umfang aus 2 Blechen, die 30 und 40 mm Wandstärke haben und in Höhe der waagerechten Achse geschweißt sind. Die Böden werden warm eingezogen, nachdem der Trommelmantel an den Enden auf den entsprechenden Durchmesser und auf ungefähr gleiche Blechstärke ausgedreht worden ist. Die Verbindungsstutzen zwischen Oberkessel und Dampfsammler werden geschweißt und

[1] In diesem Beispiel aus der Praxis sind die neuen Normen bei den Vernietungen noch nicht berücksichtigt. Nietdurchmesser u. Teilungen stimmen daher nicht mit den Tabellen 11 u. 12 dieses Buches überein.

dann gebördelt. Die Schweißnaht der Stutzen wird dahin verlegt, wo sie beim Umziehen der Krempen am wenigsten aufgezogen wird. Der Mantel des Dampfsammlers wird ebenfalls geschweißt; er muß beim Schweißen auf Bodenumfang gehalten werden.

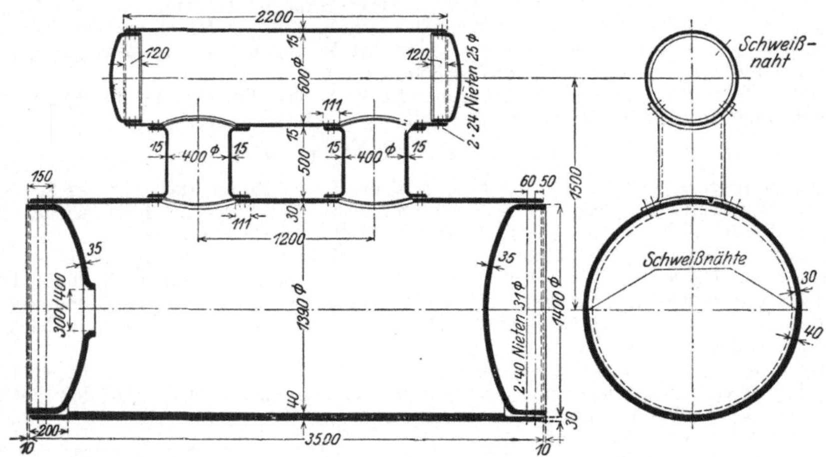

Abb. 79. Oberkessel mit Dampfsammler und Verbindungsstutzen einer Steilrohrkesselanlage

65. Vorzeichnen der Mantelbleche. Die erste Arbeit ist das Vorzeichnen der beiden ungleichen Mantelbleche für die Kesseltrommel. Die Längsnähte werden entweder mit dem elektrischen Lichtbogen unter Beachtung eines allmählichen Überganges von der größeren zur kleineren Blechdicke (Abb. 80) oder durch Wassergasschweißung verschweißt und dazu nach Abb. 63 bearbeitet. Der Unterschied zwischen den beiden Blechstärken wird an den Enden der Trommel innen so weit fortgedreht, wie es zum Einziehen der Böden notwendig ist. Deshalb muß der äußere Durchmesser der Trommel als ausschlaggebend bei der Umfangsberechnung eingehalten werden.

Die beiden Trommelmantelböden haben je einen Umfang von 4405 mm, groß genug, um sie vor dem Einziehen an den Krempen noch sauber zu drehen. Denn rechnungsgemäß brauchte der Umfang nur $D \cdot \pi = 1400 \cdot 3{,}14 = 4396$ mm zu sein. Die beiden Umfangsstichmaße für den Trommelmantel berechnen wir nach dem äußeren Durchmesser D' der Trommel, der sich aus dem inneren Durchmesser von 1400 mm und der Wandstärke von 30 mm zu $D' = 1400 + 2 \cdot 30 = 1460$ mm ergibt. Damit erhält man:

Umfangsstichmaß U_0 für den oberen Manteltteil von 30 mm Stärke

$$U_0 = (D' - s_0)\,\pi/2 = (1460 - 30)\,3{,}14/2 = 2245 \text{ mm}.$$

Umfangsstichmaß U_u für den unteren Mantelteil von 40 mm Stärke

$$U_u = (D' - s_u)\,\pi/2 = (1460 - 40)\,3{,}14/2 = 2229 \text{ mm}.$$

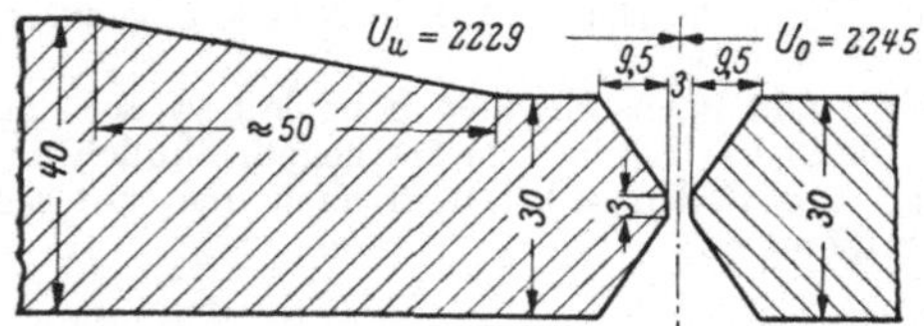

Abb. 80. Elektrische Lichtbogen-Stumpfschweißung beim Übergang von der größeren zur kleineren Blechdicke (Abschrägen von 40 auf 30 mm bewirkt guten Kräfteverlauf)

Zur Bestimmung der erforderlichen Blechlänge müssen für die Überlappung zur *Wassergasschweißung* zu den errechneten Umfangsstichmaßen noch je 2 Blechstärken zugegeben werden. Die Abwicklung der beiden Mantelbleche ergibt dann je ein Rechteck mit der ganzen Mantellänge der Kesseltrommel 3500 + 6 mm für die Bearbeitung der Blechkanten an den Rundnähten (die auf Stemmkante gehobelt werden müssen) und 2245 + 60 bzw. 2229 + 80 mm Umfangsstichmaß + Überlappung, d. h. = 3506 · 2305 mm für den oberen Mantelteil und 3506 · 2309 für den unteren. Die Längsnähte müssen für überlappte Wassergasschweißung, einmal von oben und einmal von unten, auf 45° bearbeitet werden. Für *Lichtbogenschweißen* müssen zum Umfangsstichmaß an jedem Ende 2 mm für die Bearbeitung nach Abb. 80 zugegeben werden. Das Blech für den oberen Mantelteil hat also eine Größe von 3506 · 2249 mm und das für den unteren Mantelteil von 3506 · 2233 mm. Die Löcher für die Vernietung der Böden mit der Trommel werden erst nach dem Schweißen und Ausdrehen vorgezeichnet.

66. Vorbereitungen zum Warmeinziehen der Böden. Nachdem der Trommelmantel geschweißt ist, werden die Enden der Trommel im Inneren auf den Durchmesser von 1400 mm so ausgedreht, daß an den Enden, soweit wie die Böden eingreifen, eine gleichmäßige Mantelstärke von 30 mm bestehen bleibt.

Damit nun der Trommelmantel trotz seiner außergewöhnlichen Mantelstärke die Böden gut und fest umspannt, müssen diese warm eingezogen werden, d. h. der Trommelmantel wird erwärmt und die Böden, die ein wenig größer sind als der ausgedrehte lichte Durchmesser, werden kalt eingeschoben. Da sich die Trommel durch das Erwärmen ausdehnt, geht der Boden leicht hinein. Beim Erkalten zieht sich der Trommelmantel dann wieder zusammen und umspannt den Boden fest. Die Böden werden allerdings nur dann dicht umspannt, wenn die beiden aufeinanderliegenden Flächen gut sauber und glatt sind und wenn das Übermaß der Bodendurchmesser über den lichten Manteldurchmesser richtig gewählt ist.

Wenn der Trommelmantel im Lichten auf 1400 mm Durchmesser ausgedreht ist, muß der Boden auf $1400 \cdot 1{,}001 = 1401{,}4$ mm abgedreht werden. Die Vergrößerung um 1 Tausendstel ergibt immer das richtige Verhältnis zwischen lichtem Mantel- und Bodendurchmesser, so daß man nicht zu befürchten braucht, daß der Trommelmantel nach dem Erkalten durch die Schrumpfspannungen zerreißen wird.

67. Vorzeichnen der Nietteilung an der Kesseltrommel. Nach dem Drehen wird an jedem Ende des Mantels parallel zur gedrehten Kante im Abstand von 50 mm die erste Nietrißlinie gelegt und parallel zu dieser die zweite im Abstand von 60 mm. Die in der Zeichnung angegebene Nietzahl, auf jeder Nietrißlinie 40 Niete im Umfang, wird derart aufgetragen, daß auf der ersten Nietrißlinie in der senkrechten Trommelachse ein Nietloch festgehalten und von dort dann der äußere Umfang der Trommel in 40 gleiche Teilungen geteilt und die Teilungen auf die zweite Nietrißlinie überschlagen werden. Auf dem ganzen Umfang der ersten Nietrißlinie werden 8 Heftlöcher gleichmäßig abgezählt und gebohrt; sie dienen zum geraden Einziehen der Böden.

68. Vorzeichnen der Heftlöcher an den Böden. Im Abstand von $50 + 10 = 60$ mm wird nun am Boden, parallel zur gedrehten Bodenkante, die Nietrißlinie gelegt, und auf dem Bodenumfang werden ebenfalls 8 Heftlöcher vorgezeichnet. Beim Boden mit Mannloch ist darauf zu achten, daß die Mannlochöffnung entsprechend der Zeichnung zu stehen kommt. Es muß, da wir im Trommelmantel auf der senkrechten Achse ein Heftloch festgehalten haben, hier das Heftloch senkrecht über dem Mittelpunkt des Bodens und der waagerechten langen Achse der Mannlochöffnung liegen. Die Böden werden nun, wie schon beschrieben, eingezogen, und Mantel und Boden sind dann zusammen nach der auf dem äußeren Mantelumfang vorgezeichneten Nietteilung zu bohren.

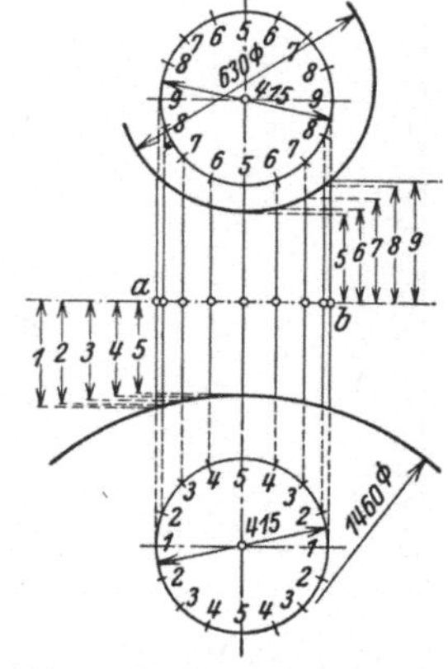

Abb. 81. Bestimmung der wahren Höhen der Abwicklungskurve für die Verbindungsstutzen

69. Aufriß zur Abwicklung der Verbindungsstutzen. Es werden nun die Verbindungsstutzen abgewickelt, die den Dampfsammler mit der Trommel verbinden. Dazu wird ein Aufriß in natürlicher Größe nach Abb. 81 gezeichnet. Mit den äußeren Durchmessern der Trommel und des Dampfsammlers werden auf einer senkrechten Mittellinie Kreisbögen geschlagen, deren Mittelpunkte der Zeichnung entsprechend — im vorliegenden Fall 1500 mm — voneinander entfernt sind. Es werden nun ferner aus 2 beliebig je zwischen Mittelpunkt und Kreisbogen gelegenen Punkten 2 Kreise geschlagen vom Durchmesser des Stutzens in der neutralen Faser $= 400 + 15 = 415$ mm, und die einander zugekehrten Hälften dieser Kreise werden je in 8 gleiche Teile geteilt. Verbindet man nun die Teilpunkte 1···5 der einen Kreishälfte mit den Teilpunkten 5···9 der anderen durch gerade, zur Mittellinie parallele Linien, so ergeben deren Abschnitte zwischen den Kreisbögen die wahren Stutzenhöhen, wie sie zur Abwicklung erforderlich sind. Zwischen die Kreisbögen wird eine Mittellinie *a b* gelegt, die den Stutzen in 2 Teile schneidet: den unteren Teil mit den Strecken 1···5 für die Kurve der Abwicklung auf 1460 mm Durchmesser, den oberen mit den Strecken 5···9 für die Kurve der Abwicklung auf 630 mm Durchmesser.

70. Abwicklung der Verbindungsstutzen (Abb. 82). Auf das zur Abwicklung bestimmte Blech wird eine Linie *c d* gelegt und darauf das Umfangsstichmaß des Stutzens $= 415 \cdot 3{,}14 = 1303$ mm aufgetragen.

Diese Strecke wird in so viel gleiche Teile geteilt wie die gleich großen Kreise in Abb. 81, und durch die Teilpunkte werden parallele, senkrechte Gerade gezogen, auf die von *c d* die Strecken 1···9 aufgetragen werden. Die Endpunkte stellen den Verlauf der Abwicklungskurve dar; sie werden vom Schmied beim Bördeln der Krempen als Anhaltspunkte gebraucht. Parallel zu dieser Kurve wird nun im Abstand der Krempe eine zweite gleiche Kurve, die Abschnittkurve, gelegt. Die Krempe soll nach Abb. 79 fertig bearbeitet = 111 mm sein; beim Bördeln schwindet das Blech noch um eine Blechstärke, ebenso muß noch eine Zugabe für die Bearbeitung der Krempe von 4 mm gemacht werden. Die Krempe muß also mindestens = 111 + 15 + 4 = 130 mm breit vorgezeichnet werden, wie es in Abb. 82 ausgeführt ist. Für die Vorbereitung der Längsnähte zur überlappten Schweißung (Abb. 62) muß noch an beiden Enden der Abwicklung zum Umfangsstichmaß je eine Blechstärke zugegeben werden, was ebenfalls in Abb. 82 klar zu sehen ist. In den Krempen sind, nachdem die Stutzen gebördelt und auf die zugehörigen Mäntel aufgerichtet sind, die Nietteilungen nach Abb. 57 vorzuzeichnen.

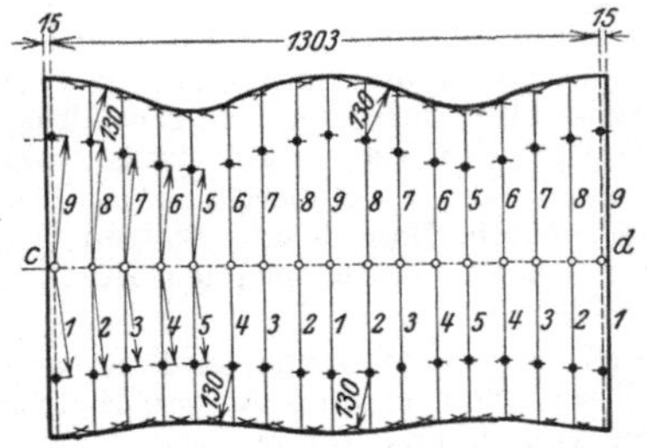

Abb. 82. Abwicklung eines Mantelbleches für die Verbindungsstutzen

71. Allgemeines zum Vorzeichnen des Dampfsammlers. Als dritte Arbeit wird dann der Mantel für den Dampfsammler vorgezeichnet. Hier sind alle Nietteilungen schon im geraden Zustand des Bleches vorzusehen. Die Abwicklung Abb. 83 ergibt ein Rechteck mit der Länge des Mantels und der Breite des Umfangsstichmaßes. An den Schweißen werden die Nietteilungen derartig gesetzt, daß das Nietloch, das auf die Schweiße zu liegen kommt, auf der am weitesten vom Blechrand entfernten Nietrißlinie liegt. Dadurch ist erreicht, daß die Schweißnaht am Blechrand der Rundnaht nicht geschwächt wird; sie liegt nun zwischen 2 Nieten. Der Umfang der beiden Böden zum Dampfsammler ergibt je 1884 mm, so daß das Umfangsstichmaß der Abwicklung dann 1884 + 15 · 3,14 = 1931 mm ist. Zu diesem Maß kommt für Lichtbogenschweißen ein Zuschlag von 2 · 2 = 4 mm zum Bearbeiten der Schweißkanten nach Abb. 68 b oder c und eine Schlupfzugabe von 4 mm, so daß die Abschnittlänge des Bleches 1931 + 8 = 1939 mm betragen würde. Eine Schlupfzugabe braucht bei Überlappschweißungen nicht gemacht zu werden; durch das Hämmern beim Schweißen streckt sich die Schweißnaht, so daß der Umfang im Lichten des Mantels gewöhnlich 3···4mm größer wird, was gleich als Schlupfmaß betrachtet werden kann. Das Längenstichmaß zwischen den Nietrißlinien ergibt sich bei zweireihiger Nietung mit 40 mm Nietreihenabstand, 40 mm Randabstand und 2200 mm Länge des fertigen Mantels zu 2200 — 4 · 40 = 2040 mm. In Abb. 83 sind beim Randabstand noch 5 mm zugegeben für die Bearbeitung der Stemmkante (Rundnahtkante).

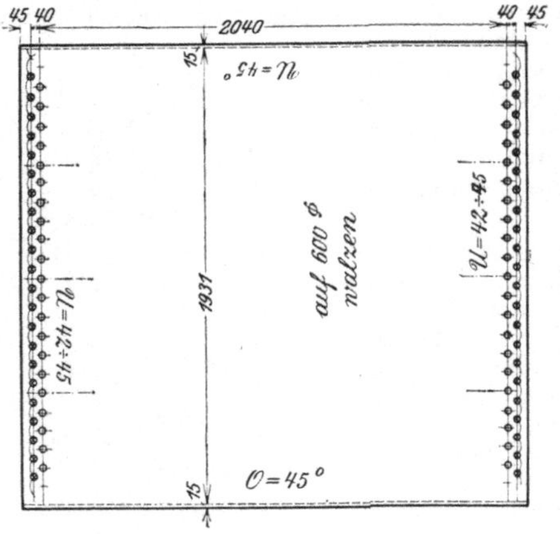

Abb. 83. Abwicklung des Dampfsammlers

Die Nietteilungen sind entsprechend der Zeichnung, in jeder Reihe 24 Nieten, aufzutragen und die Teilungen in die erste Nietrißlinie zu überschlagen. An den Ecken läßt man einige Löcher fehlen; sie werden erst nach dem Schweißen aufgetragen und gebohrt. Für die Bearbeitung der Längsnahtkanten zur Überlappschweißung nach Abb. 62 muß auf jeder Seite der Abwicklung eine Blechstärke zugegeben sein; ebenso wird für das Behobeln der Rundnahtkanten die Abschnittlinie im Abstand von 45 mm parallel zur Nietrißlinie gelegt. Die eine Seite der Längsnaht wird auf 45° oben und die andere auf 45° unten gehobelt. Die Blechkanten der Rundnaht werden derartig gehobelt, daß nach dem Walzen der Gütestempel des Bleches nach außen zu liegen kommt.

Die Böden werden eingebaut, nachdem vorher 4···6 Heftlöcher eingebohrt worden sind. Die Nietlöcher werden dann durch Boden und Mäntel zusammengebohrt. Beim Schweißen des Mantels ist darauf zu achten, daß der Umfang im Lichten des Mantels nicht größer als der Bodenumfang + 4 mm wird, um kostspielige Anrichtarbeiten zu ersparen.

72. Die Abwicklung des Dampfsammlers (Abb. 83). Zum Schluß soll noch kurz die Abwicklung des Dampfsammlermantels erklärt werden.

Mit Abstand von 15 mm wird eine Parallele zur Blechkante an der Längsnahtseite gelegt. Auf ihr ist, 85 mm von der Rundnahtkante entfernt, ein Punkt festzuhalten, in dem eine

Senkrechte zu der Parallelen errichtet wird. Diese Senkrechte ist die innere Nietrißlinie der Rundnaht. Parallel zu ihr legt man die zweite innere Nietrißlinie im Abstand von 2040 mm. Auf beiden Nietrißlinien wird nun das Umfangsstichmaß 1931 mm abgerollt und durch entsprechendes Halbieren, Vierteln usw. in 24 gleiche Teile eingeteilt. Mit 40 mm Abstand sind nun die beiden äußeren Nietrißlinien zu legen, worauf die Nietteilungen durch Überschlagen aufgetragen werden. Alle Teilungen sind dann zu körnen und mit Kreiskörner zu versehen. Zu den Nietrißlinien legt man nun die Abschnittlinien mit 45 mm und zu den Umfangsstichmaßen mit 15 mm Abstand. Die Abschnittlinien sind ebenfalls zu körnen. Dann wird das vorgezeichnete Blech bezeichnet, d. h. Hobelzeichen, Bestellnummer, Walzdurchmesser und Lochdurchmesser werden mit Ölfarbe aufgeschrieben.

C. Zweiflammwellrohrkessel 2200 mm Durchmesser 9800 mm Mantellänge[1]

Der Zweiflammwellrohrkessel Abb. 84 besteht aus 4 Mantelschüssen, und zwar aus zwei weiten, einem engen und einem kegeligen Schuß. Die Vernietung der Rund- und Längsnähte ist auf der Zeichnung angegeben. Alle 4 Mantelschüsse werden vorgezeichnet, die Heftlöcher angerissen und, solange die Bleche noch eben sind, gebohrt. In den Böden werden ebenfalls nur die Heftlöcher gebohrt. Der Kessel wird dann zusammengebaut, und alle Teile werden zusammen auf Nietlochdurchmesser gebohrt.

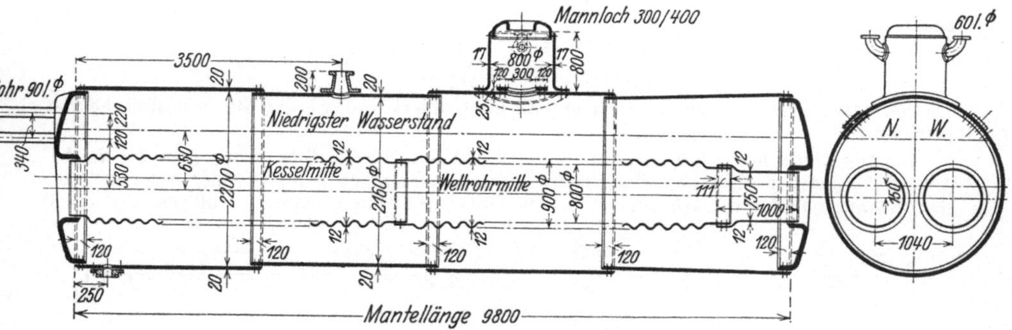

Abb. 84. Zweiflammrohrkessel

73. Berechnung der Umfangs- und Längenstichmaße. Bevor die Mantelbleche vorgezeichnet werden können, ist der Umfang der beiden Böden festzustellen: der Boden mit Wasserstandsfläche hat einen Umfang = 6915 mm, der Boden ohne Wasserstandsfläche, den wir als hinteren Kesselboden bezeichnen wollen, einen Umfang = 6912 mm. Die Längenstichmaße der einzelnen Kesselschüsse von Nietrißlinie zu Nietrißlinie, wie sie zum Einteilen der Rundnahtnietungen gebraucht werden, berechnet man wie folgt: Die Länge eines Mantelschusses ohne Überlappung (Abb. 84) ist gleich der ganzen Mantellänge von 9800 mm minus soviel mal 120 mm, als Überlappungen vorhanden sind, geteilt durch die Anzahl der Mantelschüsse (4), also $= \frac{9800 - 5 \cdot 120}{4} = \frac{9200}{4} = 2300$ mm.

Das Längenstichmaß für den weiten Schuß ist, weil wir wegen des Laschenkopfes der Längsnahtnietung auf der inneren Nietrißlinie einteilen müssen, $= 2300 + 2 \cdot 40 = 2380$ mm (Abb. 85). Für den engen Schuß ist das Längenstichmaß, mit Rücksicht darauf, daß die Nietrißlinien, auf denen die Teilungen aufgetragen sind, beim Ineinanderschieben der Schüsse übereinander zu liegen kommen, $= 2300 + 4 \cdot 40 = 2460$ mm.

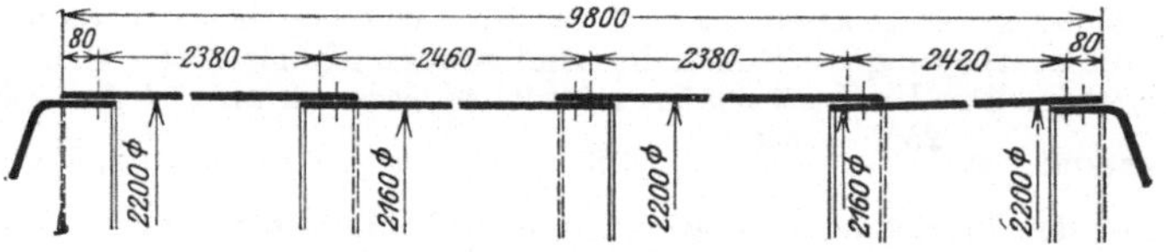

Abb. 85. Längenstichmaße des Kessels

Beim kegeligen Schuß wird die eine Seite der Rundnaht als enger und die andere als weiter Schuß behandelt, so daß das Längenstichmaß $= 2300 + 3 \cdot 40 = 2420$ mm wird.

[1] Dieser Kessel wurde gebaut, als es die Niet-Normen, auf denen die Tabellen 9 bis 12 dieses Buches beruhen, noch nicht gab. Trotzdem wird dieses Beispiel dem Vorzeichner wertvoll sein, weil es auf viele Einzelheiten eingeht.

Abb. 85 zeigt die Zusammenstellung der Längenstichmaße für die einzelnen Rundnahtnietrißlinien, auf denen wir später die Nietlöcher einteilen.

Wir berechnen nun die Umfangsstichmaße für die einzelnen Schüsse. Der Boden mit Wasserstandsfläche wird mit einem weiten Schuß vernietet. Dessen Umfangsstichmaß ist $= 6915 + 20 \cdot 3{,}14 + 4 \approx 6981$ mm (vgl. Abschn. 45).

Das Umfangsstichmaß u für den engen Schuß richtet sich nach dem des weiten und ergibt sich, wenn der Unterschied zwischen weitem und engem Schuß $= 2 \cdot s \cdot \pi + z$ betragen soll, zu

$$u = U - 2 \cdot s \cdot \pi - z = 6981 - 40 \cdot 3{,}14 - 4 = 6852 \text{ mm.}$$

Für den kegeligen Schuß bleibt an der engen Seite das Umfangsstichmaß des engen Schusses mit 6852 mm bestehen. An der weiten Seite muß, da sich der Umfang des hinteren Kesselbodens etwas kleiner, nämlich zu 6912 mm, ergeben hat, das Umfangsstichmaß U' besonders bestimmt werden. Es ergibt sich zu:

$$\text{Bodenumfang} + s \cdot \pi + z = 6912 + 20 \cdot 3{,}14 + 4 \approx 6978 \text{ mm.}$$

74. Bogenhöhe für den kegeligen Schuß. Zur Abwicklung des kegeligen Schusses muß die Bogenhöhe H berechnet werden; wir finden sie nach der Formel

$$H = \frac{U \cdot (U - u)}{8 \cdot l} \quad \text{(s. Abschn. 48)}$$

zu

$$H = \frac{6978 \cdot (6978 - 6852)}{8 \cdot 2420} = \frac{879\,228}{19\,360} = 45{,}4 \text{ mm.}$$

Nachdem nun die Rechnungen nochmals kontrolliert sind, werden die Mantelbleche vorgezeichnet.

75. Der weite Mantelschuß (Abb. 86). Wir stellen durch Übermessen fest, ob die bestellten Bleche für die Abwicklungen in ihren Abmessungen genügen oder etwa die vorgeschriebenen Maße unterschritten sind. Die Breite des weiten Schusses muß (nach Abb. 85)

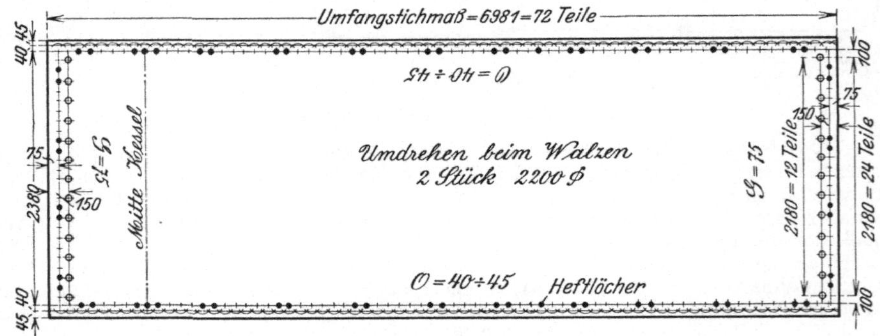

Abb. 86. Abwicklung des weiten Mantelschusses mit eingeteilten Heftlöchern

2380 mm Längenstichmaß $+ 2 \cdot 80$ mm für die restliche Überlappung $= 2540$ mm sein. Für die Bearbeitung der Rundnähte sind gewöhnlich noch etwa 10 mm auf die Blechbreite zuzugeben. Das Blech sei 2555 mm breit; so legen wir als erstes eine innere Nietrißlinie im Abstand von $\frac{2555 - 2380}{2} = 87{,}5$ mm parallel zur Blechkante. Dadurch haben wir den Abfall an den Blechkanten der Rundnähte auf beide Seiten verteilt, so daß wir ihn gleich als Bearbeitungszugabe für das Behobeln gelten lassen können. Auf der Nietrißlinie nimmt man im Abstand von ungefähr 5 mm von der Blechkante einen Punkt der Längsnaht an und errichtet in ihm eine Senkrechte. Steht die Blechkante nicht im Winkel zur Nietrißlinie, so daß die Senkrechte nicht auf der ganzen Blechseite voll angerissen werden kann, so muß der Abstand etwas größer als 5 mm gewählt werden. Die Senkrechte ist die Hobelkante der Längsnaht und liegt in der Mitte der Laschennietung. Parallel zur inneren Nietrißlinie legt man nun im Abstand des Längenstichmaßes für den weiten Schuß $= 2380$ mm die zweite innere Nietrißlinie. Auf beiden Nietrißlinien wird das Umfangsstichmaß $= 6981$ mm, von der Hobelkante der Längsnaht beginnend, abgemessen, und die entstehenden Endpunkte werden durch eine gerade Linie verbunden. Diese Gerade ist die zweite Hobelkante der Längsnaht; beide Hobelkanten der Längsnaht stoßen nach dem Walzen des Mantelschusses zusammen.

Es ergibt sich auf jedem Endpunkt des Umfangsstichmaßes ein Nietloch, das von der Hobelkante der Längsnaht halbiert wird; kommen die Hobelkanten zusammen, so bildet sich ein volles Nietloch.

Die Teilung der Rundnaht ist nach dem Sinnbild Abb. 87 unten mit 90 mm anzunehmen, und man stellt durch Überschlagrechnung fest, wieviel Teile demnach vorzusehen sind. Mit Rücksicht darauf, daß die Teilung im Inneren des Kessels enger als außen wird, weil die Nietlöcher radial gerichtet sind, teilt man den mittleren Umfang der jeweiligen Rundnaht ein. In unserem Falle kommt dafür der größte Bodenumfang mit 6915 mm in Frage, so daß sich mit Rücksicht darauf, daß die Rundnahtteilung rd. 10% weiter genommen werden kann, 6915 : 95 ≈ 72 Teile ergeben. Es werden dann die äußeren Nietrißlinien im Abstand von 40 mm parallel zu den inneren gelegt, und die Teilung der inneren Nietrißlinie wird mit Spitzzirkel auf die äußeren durch Kreisbogen übertragen. Blechabschnittlinien brauchen auf den Seiten nicht gelegt zu werden. Denn da die Blechkante jetzt im Abstand von 47,5 mm parallel zur äußeren Nietrißlinie läuft, wird sie nachher gleich auf Maß 40···45mm gehobelt.

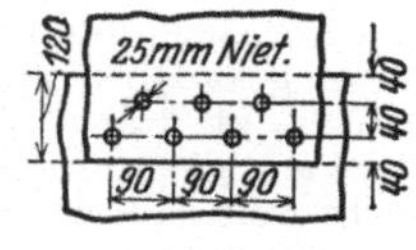

Abb. 87. Nietung der Rundnähte

Wir zeichnen nun die Nietteilungen für die Laschennietung der Längsnaht vor. Dazu werden nur die Nietrißlinien, die die Teilungen für die Heftlöcher aufnehmen, angerissen; endgültig eingeteilt wird die Längsnahtnietung auf der Lasche. Im Abstand von 37 + 38 = 75 mm (Abb. 88) werden auf jeder Blechseite zur Hobelkante der Längsnähte parallele Linien gelegt und auf ihnen von den Nietrißlinien der Rundnaht dann die Endteilungen abgetragen. Die Endteilungen ergeben sich nach Abschn. 54 zu: $c = e + D/2 + 3\cdots5$ mm, also $c = 37 + 45/2 + 5 = 64{,}5$ mm. In vorliegendem Fall ist es jedoch erforderlich, die Endteilungen weiter zu wählen als die Formel ergibt; denn die Lasche für den engen Schuß liegt zwischen den beiden Rundnahtkanten des weiten Schusses und schneidet, auf jeder Seite 5···8 mm Raum lassend, dazwischen ab. Es muß also noch so viel Raum gegeben werden, daß die Endniete der Lasche am engen Schuß voll aufliegen und die schmale Endseite der Lasche gedichtet werden kann. Wir geben zu dem berechneten Maß der Endteilungen deshalb noch 35 mm zu und tragen demgemäß 64,5 + 35 = 99,5 ≈ 100 mm als Endteilungen ab. Zwischen den Endteilungen erhält man so das Maß 2380 — 2 · 100 = 2180 mm, das nach der im Sinnbild Abb. 88 angegebenen Teilung eingeteilt wird. Auf der Länge von 2180 ergeben sich dann 2180 : 90 ≈ 24 Teile mit je 2180 : 24 ≈ 90,8 mm Teilung. Die Teilung ist demnach je 0,8 mm größer als das Sinnbild angibt; dagegen würde sich bei 25 Teilungen die Teilung als zu eng erweisen. Man bleibt also bei 24 Teilungen.

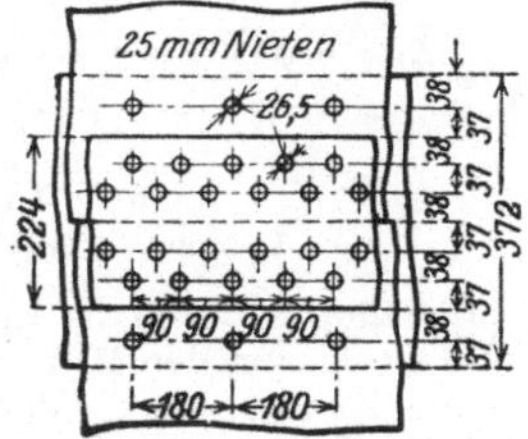

Abb. 88. Nietung der Längsnähte

Für die Vernietung der inneren breiten Lasche sind im Abstand von ebenfalls 75 mm, also 150 mm von der Hobelkante, die Nietrißlinien parallel zu den bereits gelegten zu legen. Darauf werden die Endteilungen überwinkelt und die Hälfte, also 24/2 = 12 Teilungen mit je 180 mm, vorgezeichnet. Diese Teilungen werden von der äußeren Lasche nicht bedeckt, müssen also mit Kreiskörner versehen und gut gekörnt werden, weil die Nietlöcher danach gebohrt werden.

76. Einteilen der Heftlöcher beim weiten Mantelschuß (Abb. 86). Nachdem nun alle Teilungen aufgetragen sind, werden die Heftlöcher abgezählt. Es sollen immer 2 Heftlöcher nebeneinander angeordnet sein, damit in ein Heftloch der Dorn eingeschlagen und gleichzeitig in das andere die Heftschraube eingezogen werden kann. Für die Laschennietung ist es zweckmäßig, wenn die Endteilungen nicht als Heftlöcher benutzt werden; wiederum sollen aber die Heftlöcher auch möglichst nahe an Ecken usw. angeordnet sein. In unserem Falle zählen wir die Heftlöcher derart ab, daß alle 5 Teilungen 2 Heftlöcher aufeinanderfolgen. Die in Abb. 86 voll bezeichneten Punkte gelten als Heftlöcher. Um Irrtümer zu vermeiden, ist es vorteilhaft, die Heftlöcher auf beide Seiten der Laschennietung gleichmäßig zu verteilen.

In den Rundnähten müssen die Heftlöcher mit weit mehr Überlegung abgezählt werden als in den Längsnähten. Sie werden auf den Nietrißlinien angeordnet, die eingeteilt sind. Hierbei ist darauf zu achten, daß die Laschennietung ständig zwischen 2 Paar Heftlöchern der Rundnaht liegt und daß die Heftlöcher nicht allzu weit vom Blechstoß entfernt sind. Wir wählen in unserem Falle 6 Teilungen zwischen den Heftlöchern, so daß von der Hobelkante der Längsnaht auf 3 Teilungen 1 Paar Heftlöcher folgt. Es wird jetzt die *obere Richtlinie* des Kessels festgestellt, eine Linie, die über alle Bleche läuft und als Anhaltspunkt beim Zusammenbau des Kessels dient. Die Längsnaht wird gewöhnlich auf 45° nach oben gelegt, was auf der Abwicklung $^1/_8$ des ganzen Umfangsstichmaßes oder von 72 Teilungen $= 72 : 8 = 9$ Teilen entspricht. Damit dieser Anhaltspunkt gleich bemerkt wird, werden hier 3 Heftlöcher angeordnet, so daß ein Heftloch genau auf der Richtlinie liegt, die mit „Mitte Kessel" bezeichnet sei (Abb. 86). Von Mitte Kessel wird nun die Hälfte der Teilungen, also bis zum 36. Loch, abgezählt und dieses Loch als Heftloch angenommen, und zwar als einzelnes. Es dient ebenfalls beim Montieren als Anhaltspunkt und stellt die *untere Kesselmitte* dar. Zwischen beiden „Kesselmitten" werden nun die Heftlöcher gleichmäßig verteilt mit Rücksicht darauf, daß dort, wo die Lasche des engen Schusses zu liegen kommt, die Heftlöcher genau so liegen wie beim weiten Schuß. Denn die Laschen liegen wohl durch den ganzen Kessel „*im Achtel*", aber abwechselnd links und rechts der oberen Richtlinie. Der Vorzeichner kann die Heftlöcher nach seinem Belieben einteilen, nur muß er darauf achten, daß sie nicht weiter als 400···500 mm voneinander entfernt liegen.

Alle Heftlöcher werden nun mit Kreiskörnern versehen, und nachdem alles kontrolliert ist, kann das Blech bezeichnet werden. Die Hobelzeichen für die Rundnähte richten sich danach, wie der Gütestempel des Bleches liegt; in unserem Falle soll er auf der oberen Fläche des Bleches liegen. Das Blech muß demnach vor dem Walzen gewendet werden. Die Rundnahtkanten müssen dann von oben gehobelt werden. Die Längsnahtkanten werden bis auf eine Entfernung von 75 mm von der Nietrißlinie mit Heftlöchern gerade gehobelt. Abgeschärft wird bei Laschennietungen nicht, denn die Bleche stoßen stumpf aneinander und werden an den Enden auf 200···250 mm stumpf zusammengeschweißt (s. Abschn. 61).

77. Vorzeichnen der Laschen für den weiten Mantelschuß (Abb. 89). Gleichzeitig mit dem Blech wird die Lasche vorgezeichnet, nachdem sie vorher auf Maß zugeschnitten und gehobelt worden ist. Die Längenmaße für die Nietteilung der Lasche sollen tunlichst vom Blech abgegriffen sein. Die Entfernungen der Nietrißlinien von Mitte Lasche werden nach dem Sinnbild ausgeführt. Allerdings muß die Nietrißlinie, auf der die Heftlöcher angeordnet sind, von Mitte Lasche etwas größeren Abstand haben als auf dem Blech, weil die Nietung radial gerichtet ist und die Lasche auf das Mantelblech zu liegen kommt. Gewöhnlich genügt es, wenn die Entfernung der Nietrißlinie auf dem Blech = 75 mm ist, sie auf der Lasche von der Mitte aus = 77 mm zu wählen. Die innere Nietrißlinie auf der Lasche für die Teilung, die auf dem Blech nicht ausgeführt wurde, ist nach dem Sinnbild zu legen und die Teilung darauf zu überschlagen. Der Laschenkopf wird nach der Rundnahtteilung ausgeführt, ohne Rücksicht darauf, daß die Teilung weiter sein müßte. Das ist auch weiter keine Gefahr, denn die Nietlöcher werden erst hiernach gebohrt. Der Anschlußpunkt der Rundnaht zur Lasche liegt in deren Mitte und ist vom Endniet der Lasche um den Abstand der Endteilung entfernt. Abb. 89 zeigt die Hälfte der Lasche für den weiten Schuß. Die Mittellinie *a b* ist die Mitte der Lasche und gleichzeitig der darunterliegende Stoß der beiden Hobelkanten der Abwicklung. Die Heftlöcher müssen genau wie auf dem Mantelblech angeordnet sein.

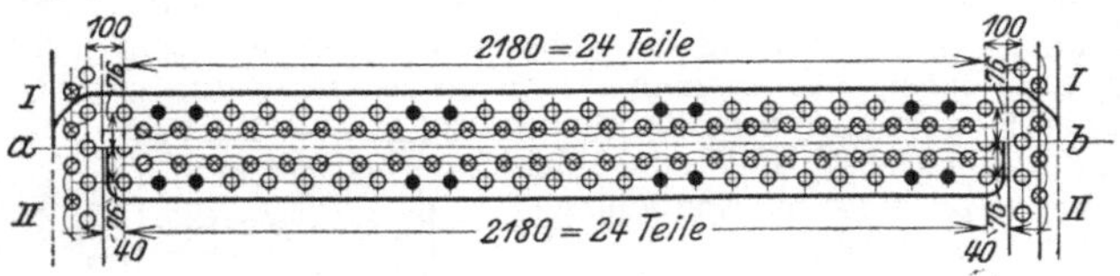

Abb. 89. Vorzeichnen der Laschen.
I für den weiten, II für den engen Mantelschuß

Auf der inneren Lasche im weiten Schuß werden nur Heftlöcher vorgezeichnet, und zwar dieselben wie beim Mantelblech. Im selben Verhältnis, wie bei der äußeren Lasche die Entfernung der Nietrißlinie von Mitte Lasche weiter wurde, wird sie hier enger angenommen, und zwar = 73 mm. Die Länge der Lasche ergibt sich zu $2180 + 2 \cdot 40 = 2260$ mm; sie liegt im Innern zwischen zwei Schüssen oder zwischen einem Schuß und der Bodenkrempe. Zwischen den inneren Rundnahtkanten und der Lasche sind dann auf jeder Seite 20 mm Raum, der wegen des Dichtens der Laschenenden erforderlich ist.

78. Der enge Mantelschuß (Abb. 90). Wie schon des öfteren erwähnt, sollen die Nietrißlinien, auf denen eingeteilt wurde, immer wieder zusammenkommen. Beim Abwickeln des engen Schusses müssen wir also die Rundnaht auf der äußeren Nietrißlinie, d. h. derjenigen, die der Blechkante am nächsten liegt, einteilen. Die etwa überschüssige Breite des Bleches wird wieder auf beide Seiten verteilt und die Nietrißlinie entsprechend zur Blechkante gelegt. Ergibt sich die Blechbreite z. B. zu 2550 mm, so ist der Abstand der Nietrißlinie von der Blechkante $= \frac{2550 - 2460}{2} = \frac{90}{2} = 45$ mm. Parallel zu dieser Nietrißlinie wird im Abstand des Längenstichmaßes für den Schuß, = 2640 mm, die zweite Nietrißlinie gelegt. Darauf wird, wie beim weiten Schuß, die Senkrechte errichtet und das Umfangsstichmaß 6852 mm abgemessen, das nun gleichfalls in 72 gleiche Teile eingeteilt werden muß. Es wird nur diejenige Nietrißlinie gelegt, die zur Aufnahme der Heftlöcher erforderlich ist. Die Heftlöcher sind dann genau wie beim weiten Schuß anzuordnen. Die Nietrißlinie für die Laschennietung der Längsnaht wird ebenfalls genau wie beim weiten Schuß ausgeführt. Es ergibt sich aber hier die Entfernung der Endteilung von der Nietrißlinie mit Heftlöchern auf jeder Seite um 40 mm größer, weil wir mit der Nietrißlinie für die Rundnaht weiter abgerückt sind; denn wir hatten beim weiten Schuß die innere, haben dagegen beim engen Schuß die äußere Nietrißlinie mit Heftlöchern eingeteilt.

Nehmen wir nun an, daß der Gütestempel des Bleches auf der oberen Fläche liegt, so muß das Blech vor dem Walzen gewendet werden, damit der Stempel nach außen zu liegen kommt. Die Rundnahtkanten werden dann, im Gegensatz zum weiten Schuß, von unten gehobelt. Die Längsnahtkanten müssen 75 mm von der Nietrißlinie mit Heftlöchern gerade gehobelt sein wie beim weiten Schuß. Auch hier werden die Enden der Stoßkanten auf 200···250 mm stumpf geschweißt.

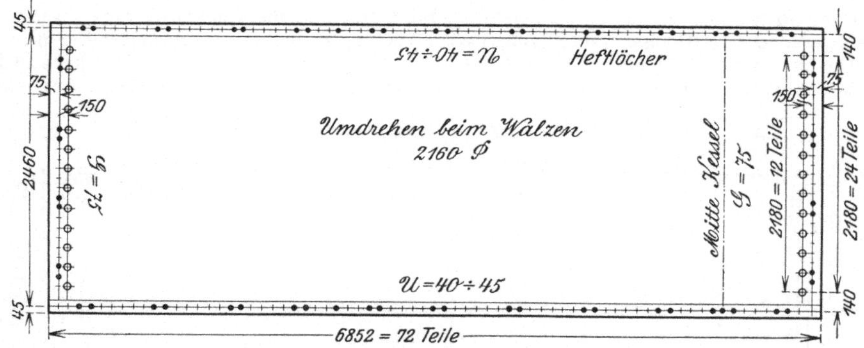

Abb. 90. Abwicklung des engen Mantelschusses mit eingeteilten Heftlöchern

79. Vorzeichnen der Laschen für den engen Mantelschuß (Abb. 89). Die Lasche wird wieder, wie beim weiten Bund, nach dem Blech vorgezeichnet, nur mit dem Unterschied, daß sie für den engen Schuß kürzer ist. Der enge Schuß wird in zwei weite eingeschoben, so daß die Lasche zwischen den Rundnahtkanten der weiten Schüsse liegt, also keinen Laschenkopf wie beim weiten Schuß erhält. In Abb. 89 II ist die halbe Lasche für den engen Schuß dargestellt. Ihre Länge ist $= 2180 + 2 \cdot 40 = 2260$ mm. Um zu vermeiden, daß an dem geraden Laschenende der engen Lasche eine zu weite Teilung entsteht, ist auf Mitte Lasche noch ein Nietloch angeordnet. Zwischen Laschenenden und Rundnahtkanten sind 20 mm Raum gelassen, damit Rundnaht und Lasche dicht gestemmt werden können. Die breite innere Lasche für den engen Schuß bedeckt die ganze Schußlänge im Innern des Kessels ungefähr wie die äußere Lasche des weiten Schusses; ihre Länge ist, wie die ganze Schußlänge, 2540 mm.

80. Der kegelige Mantelschuß (Abb. 91). In den meisten Fällen ist das Blech für den kegeligen Schuß mit Bogen bestellt, d. h. das Blech ist vom Walzwerk im Bogen zugeschnitten. Es ist also von vornherein bestimmt, auf welche Seite des Bleches der Bogen für die Abwicklung gelegt werden muß. An den Bogenkanten des Bleches messen wir die erforderliche Überlappung ab; in unserem Falle, weil wir auf der inneren Nietrißlinie einteilen wollen, $= 2 \cdot 40 + 5$ mm für Bearbeitung der Blechkante, demnach $= 85$ mm. Darauf spannen wir die Schnur von einem Ende zum andern des Bleches und kontrollieren, ob wir in der Mitte des Bogens die erforderliche Höhe haben. Sie muß $= 85 \text{ mm} + H$ (Bogenhöhe, s. Abschn. 74), also $= 85 + 45{,}4 \approx 130$ mm sein. Ist sie das, so legen wir eine gerade Linie als Sehne des Bogens, ist sie es nicht, so müssen wir an den Enden so weit in das Blech hineinrücken, bis sie richtig ist. Auf der Sehne errichten wir in der Mitte des Bleches eine Senkrechte nach beiden Seiten der Sehne und tragen, nach der Bogenseite zu, die Bogenhöhe H mit 45 mm ab. Der so festgestellte Punkt ist der höchste Punkt des Bogens der Nietrißlinie; er muß 85 mm von der Blechkante entfernt sein. Nun wird das halbe Umfangsstichmaß für die weite Seite des kegeligen Schusses, $= 6978 : 2 = 3489$ mm, von diesem Punkt schräg nach der Sehne zu abgetragen und der Bogen nach Abb. 29 (S. 25) konstruiert. Der Bogen setzt sich danach aus 8 geraden Linien zusammen. Zur Kontrolle rollen wir das Umfangsstichmaß vom Bogenhöhenpunkt je zur Hälfte nach beiden Seiten nochmals auf dem Bogen ab und ändern etwaige Ungenauigkeiten auf genaues Maß.

Auf der in der Mitte des Bleches errichteten Senkrechten wird nun das Längenstichmaß von 2420 mm vom Bogenhöhenpunkt aus abgemessen und in den Stangenzirkel genommen.

Parallel zum großen Bogen wird dann der kleine Bogen gelegt, indem man mit dem Stangenzirkel von allen konstruierten Punkten des großen Bogens Kreisbögen nach unten schlägt und sie durch tangierende gerade Linien verbindet. Vom Schnittpunkt der senkrechten Linie aus wird dann nach beiden Seiten je die Hälfte des Umfangsstichmaßes für die enge Seite, d. i. 6852 : 2 = 3426 mm, auf den kleinen Bogen abgerollt. Werden dann die beiden Bögen miteinander verbunden, so erhält man die Hobelkanten der Längsnahtnietung.

Parallel zur Hobelkante legt man die Nietrißlinien für die Laschennietung, genau wie beim engen und weiten Schuß, und teilt sie entsprechend ein. Die Endteilung zur Rundnahtteilung ist, wie beim weiten und engen Schuß, auf der weiten Seite 100 mm und auf der engen Seite 140 mm. Die weite Seite mit dem großen Bogen wird nun behandelt wie der weite Schuß: der Bogen wird in 72 Teile eingeteilt. Die zweite Nietrißlinie wird im Abstand von 40 mm parallel zum Bogen gelegt, indem 40 mm in den Spitzzirkel genommen und von den konstruierten Bogenpunkten nach der Blechkante zu kleine Kreisbögen gelegt und durch gerade tangierende Linien verbunden werden. Die Teilung wird nun überschlagen, gut angekörnt und, falls es erforderlich erscheint, parallel zur äußeren Nietrißlinie eine Abschnittlinie gelegt. Die Heftlöcher werden genau wieder so angeordnet wie beim weiten Schuß.

Die enge Seite des kegeligen Schusses wird entsprechend wie der enge Schuß behandelt: der kleine Bogen wird in 72 Teile eingeteilt und Heftlöcher werden angeordnet. Auch eine

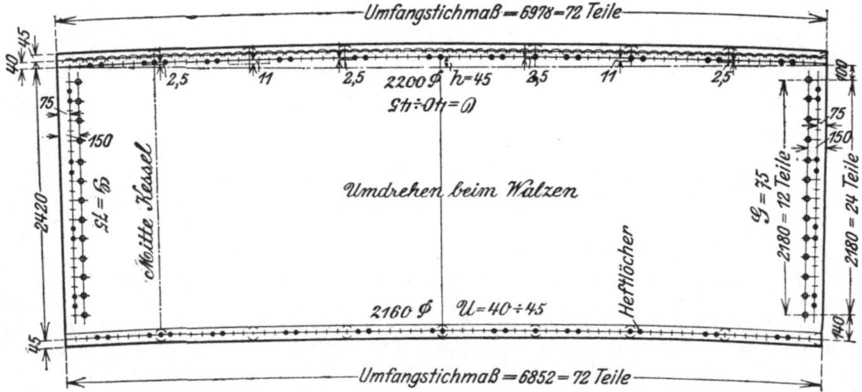

Abb. 91. Abwicklung des kegeligen Mantelschusses mit eingeteilten Heftlöchern

Abschnittlinie ist fast immer erforderlich; sie wird im Abstand von 45 mm parallel zum Bogen gelegt.

Nehmen wir nun an, daß der Gütestempel auf der oberen Fläche des Bleches liegt, so wird die weite Seite der kegeligen Abwicklung oben und die enge Seite unten gehobelt. Die Längsnahtkanten werden wieder auf Maß 75 mm von der Nietrißlinie mit Heftlöchern geradegehobelt.

Die äußere Lasche erhält auf der weiten Seite des kegeligen Schusses einen Laschenkopf, und an der engen Seite stößt sie, wie die Lasche für den engen Schuß, gerade an die Rundnaht an, mit 20 mm Zwischenraum. Dagegen stößt die innere Lasche der weiten Seite innen am Boden gerade mit Zwischenraum an, während sie auf der engen Seite im Innern einen vollen Laschenkopf erhält. Die Laschen sind beide gleich lang, = 2400 mm. Nietung und Heftlöcher sind genau wie bei den anderen Laschen.

Im Gegensatz zum weiten und engen Schuß muß beim kegeligen die Richtlinie (Mitte Kessel) auf die wirkliche Seite der Abwicklung gelegt sein; denn man kann, wenn die Lage der Laschen am Kessel bestimmt ist, den kegeligen Schuß nicht versetzen. Beim engen und weiten Schuß sind die Rundnähte gleich, wodurch die Laschen also links oder rechts gelegt werden können, was beim kegeligen Schuß, nachdem die Heftlöcher gebohrt sind, nicht mehr möglich ist.

81. Vorzeichnen der Böden. Beide Kesselböden werden, wie bei Abb. 38 beschrieben, ausgewinkelt, d. h. die senkrechte Mittellinie wird auf der waagerechten der Flammrohreinhalsungen errichtet. Schnittpunkt E an der Bodenkrempe ist Anfangspunkt zum Einteilen der Nietteilung an der Bodenkrempe und muß beim Zusammenbau mit der Richtlinie (Mitte Kessel) zusammenkommen. Beim weiten sowie beim kegeligen Mantelblech wurde die innere Nietrißlinie eingeteilt, demgemäß muß hier die der Bodenkante am nächsten gelegene Nietrißlinie eingeteilt werden. Im Abstand von 40···45 mm wird diese Nietrißlinie parallel zur gedrehten Stemmkante der Bodenkrempe gelegt und vom festgestellten Anfangspunkt in 72 gleiche Teile eingeteilt. Die Heftlöcher sind entsprechend den Mantelblechen anzuordnen. Der Boden mit Wasserstandsfläche wird dann gewendet, und der niedrigste Wasserstand und die Löcher für die Wasserstandsrohre werden auf der Wasserstandsfläche nach der Zeichnung vorgezeichnet. — Nachdem nun Mantelbleche, Laschen und Böden vorgezeichnet sind, können die einzelnen Teile gebohrt und gewalzt, die Mantelbleche an den Enden geschweißt und der Kessel zum Bohren der Nietlöcher zusammen aufgebaut werden.

82. Dampfdom. Wie die Abb. 84 erkennen läßt, ist der Mantel des Dampfdomes mit angebördelter Krempe versehen und damit auf dem Kesselmantel aufgenietet. Diese Bauart ist heute nicht mehr üblich, wie schon im Abschnitt 60 bei Abb. 74 angegeben wurde. Deshalb braucht an dieser Stelle auf das Vorzeichnen des Dommantels nicht näher eingegangen zu werden, zumal das Vorzeichnen dieses Mantels an der zu bördelnden Seite ganz ähnlich ausgeführt werden kann, wie bei dem Verbindungsstutzen in den Abschnitten 69 und 70, während die Verbindung mit dem Domboden dem Einnieten eines Bodens in eine Kesseltrommel entspricht. Das Mannloch im Kesselmantel wird nach Absch. 35 quer zur Kesselachse angeordnet.

83. Die Flammrohre. Die Flammrohre werden vom Walzwerk in die Böden eingepaßt und die Umfänge der Rohrenden ebenfalls passend geliefert. Die Rohre sollen deshalb immer so zusammengebracht werden, wie sie vom Walzwerk gezeichnet wurden. Wenn der Kessel zum Bohren montiert ist, wird die erforderliche Flammrohrlänge von Boden zu Boden gemessen. Danach werden dann die einzelnen Rohre zusammengestellt und die Rundnähte der Rohrenden so vorgezeichnet, daß die Nietrißlinien senkrecht zur Rohrachse laufen. Beim Einbauen der Flammrohre ist zu beachten, daß die Schweißnähte der Rohre nach unten im Kessel zu liegen kommen und etwas versetzt sind.

D. Wasserrohrkessel

Für die hohen Dampfdrücke und Dampfleistungen neuerer Kesselanlagen werden in zunehmendem Maße Wasserrohrkessel der verschiedensten Bauarten verwendet. Sie haben alle gemeinsam, daß zahlreiche gebogene Rohre darin untergebracht sind, die meistens in Rohrtrommeln münden. Die Arbeit des Vorzeichners für einen solchen Kessel und der Gang des Zusammenbaues sollen hier kurz beschrieben werden.

84. Kesselaufriß und Rohre. Auf ausgelegten Platten, die mit Kalkmilch bestrichen sind, wird der Querschnitt des ganzen Kessels in natürlicher Größe aufgezeichnet. Alle Risse sind sorgfältig zu prüfen und dann die Rohrreihen einzutragen. Für diese Rohrreihen, die mit Nummern versehen werden, sind Schablonen aus Flacheisen anzufertigen, die als Hilfsmittel in die Rohrbiegerei gegeben werden. Die gebogenen Rohre werden auf Länge geschnitten, die Schnittflächen abgerundet, damit sie später beim Walzen und Bördeln nicht einreißen, und die zu walzenden Enden geglüht und metallisch sauber geschliffen. Hierauf konserviert man die Rohre durch einen Firnisanstrich und lagert sie nach Reihen geordnet.

85. Die Kesseltrommeln werden nahtlos, entweder mit angeschmiedeten oder mit losen Böden, die elektrisch angeschweißt werden, geliefert. Sie sind mit waagerechten und senkrechten Mittelrissen zu versehen. Ferner sind die vom Aufriß zu entnehmenden Einteilungen der Rohrreihen aufzutragen, die Rohrabstände mit Zirkel und Körner festzulegen, die Löcher zu bohren und aufzureiben. Je glatter die Löcher, um so besser die Haftfähigkeit der Rohre. Es ist erwiesen, daß die Rohre auch in glatten Löchern ohne Nuten fest und dicht haften. Meistens werden jedoch noch Nuten vorgesehen. Die Rohrlöcher sind beiderseits gut zu entgraten.

Hierauf werden die Rohrstutzen für die Armaturen angebracht und eingeschweißt, die Mannlöcher in die Böden eingeschnitten, die zugehörigen Verstärkungen eingebaut und geschweißt und die Deckel eingepaßt. An den Untertrommeln werden die Kesselfüße angepaßt und angeschweißt.

86. Das Kesselgerüst dient beim Zusammenbau des Kessels zur Aufnahme der fertig bearbeiteten Trommeln, die mit Lot und Wasserwaage ausgerichtet und dann festgesetzt werden, damit die Berohrung vorgenommen werden kann. Die Rohre werden reihenweise eingebracht und zunächst unten mit Holzkeilen festgesetzt. Man richtet sie mit Flacheisenlaschen aus und walzt sie dann in der Untertrommel fest. Darauf werden sie in der Obertrommel ausgerichtet, mit Holzkeilen festgesetzt und gewalzt. Auf diese Weise wird nun Reihe für Reihe eingebaut, von der Mitte nach außen und innen. Sind alle Rohre gewalzt, so werden die in die Trommeln hineinragenden Enden nach einer Schablone auf gleiche Länge und eben abgefräst und gebördelt. Dann kann die Druckprobe vorgenommen werden. Vor

Inbetriebnahme des Kessels läßt man durch jedes Rohr zur Prüfung auf Verschmutzung oder Verstopfung eine Stahlkugel hindurchlaufen, die 3 mm kleiner ist als der lichte Rohrdurchmesser.

87. Die Rohrleitungen für hohe Drücke und Temperaturen als Umgehungsleitungen an den Kesseln und als Dampfleitungen zu den Verbrauchsstellen erfordern ebenfalls höchste Sorgfalt. Der Werkstoff für diese Rohre ist in DIN 17 175 genormt (Nahtlose Stahlrohre mit gewährleisteten Warmfestigkeitseigenschaften). Verschweißt werden diese Rohre autogen mit besonderen Schweißdrähten oder elektrisch mit austenitischen Elektroden, für die der Gleichstrom-Schweißgenerator umgekehrt angeschlossen werden muß. Die Rohrstöße bei größeren Rohrdurchmessern werden vorteilhaft elektrisch geschweißt. Da die Naht von innen nicht zugänglich ist, unterlegt man sie ähnlich, wie in Abb. 65 beschrieben, mit einem 20 bis 30 mm breiten Ring aus Rohr vom gleichen Material, dessen Außendurchmesser dem Innendurchmesser des zu schweißenden Rohres entspricht und dessen Innenkanten nach den Enden zu auf den Innendurchmesser des Rohres ausgedreht werden. Der Einlegering hat bei engen Rohren den Nachteil, daß er den Querschnitt verkleinert. Außerdem kann Rostbildung zwischen Ring und Rohrwand stattfinden. Die Geschicklichkeit der Kesselrohrschweißer ist heute soweit entwickelt, daß vielfach auf den Einlegering verzichtet wird. In manchen Fällen werden Einlegeringe aus Quarz verwendet, die beim Erkalten zerspringen und dann mit Preßluft herausgeblasen werden können In Fußnote 4—6, S. 47, wird der Einlegering näher behandelt.

Bei Ausführungen mit losen Flanschen, die sich an einen gestauchten Rohrbund anlegen, ist beim Stauchen besondere Vorsicht geboten. Damit sich keine Querrillen bilden, staucht man in mehreren Gängen und wärmt dabei sorgfältig mit leichtem Gasüberschuß an, um zu starken Abbrand und Aufkohlen zu vermeiden. Später ist eine Untersuchung der Bunde auf Rillen notwendig. Am besten ist es, die Bunde als Vorschweißbunde mit rd. 80 mm Länge aus stärkerem Material zu drehen und vorzuschweißen, dann vermeidet man die beim Stauchen möglichen Schwierigkeiten.

Längere Rohrleitungen, die Heißdampf oder heiße Gase führen, müssen sich bei den Temperaturschwankungen zwischen kalt und warm dehnen können. Stahl dehnt sich je 100° und 1 m Länge um rd. 1,1 mm. Früher verwendete man zum Dehnungsausgleich Stopfbuchsen, heute baut man Expansionsbögen in die Rohrleitungen ein. Ihre Berechnung muß erfahrenen Konstrukteuren überlassen bleiben. Ihre Beanspruchung im Betrieb kann man dadurch verringern, daß man sie mit Vorspannung verlegt. Beträgt z. B. die Gesamtdehnung (Verkürzung) eines solchen Bogens 50 mm, so läßt man beim Einbau zwischen den Flanschen 20 bis 25 mm Luft und bringt beim Anziehen der Schrauben eine Zugspannung in die Rohrleitung und den Bogen. Beim Erwärmen wird dann erst diese Spannung ausgeglichen und der Bogen braucht dann nur noch die restlichen 30 bis 25 mm auf Druck aufzunehmen. Beim Haltern der Rohrleitung muß man den Dehnungen genügend Spielraum geben.

(721/39/56) V/12/6

Einteilung der bisher erschienenen Hefte nach Fachgebieten (Fortsetzung)

II. Spangebende Formung (Fortsetzung)

III. Spanlose Formung

IV. Schweißen, Löten, Gießerei

(Fortsetzung 4. Umschlagseite)